液压与气压传动技术

主　编　杨广明　陈　科　吴　牟
副主编　陈　进　易文翠
主　审　张进春

重庆大学出版社

内容提要

本书共 11 章。其中,液压传动部分共 9 章:绪论、液压传动基础、液压动力元件、液压执行元件、液压辅助元件、液压控制元件、液压系统基本回路、典型液压传动系统及故障分析、液压伺服控制和电液比例控制技术;气压传动部分共两章:气压传动基础、气压传动系统应用实例。本书内容丰富,注重学生实践能力的培养。

本书适用于普通工科院校机械类专业的学生,也适用于各类成人高校、自学考试等机械类专业的学生,还可供工矿企业及科研院(所)的工程技术人员参考。

图书在版编目(CIP)数据

液压与气压传动技术/杨广明,陈科,吴华主编

. −−重庆:重庆大学出版社,2019.12

高职高专机械类专业系列教材

ISBN 978-7-5689-1936-4

Ⅰ.①液… Ⅱ.①杨…②陈…③吴… Ⅲ.①液压传动—高等职业教育—教材②气压传动—高等职业教育—教材 Ⅳ.①TH137②TH138

中国版本图书馆 CIP 数据核字(2019)第 278799 号

液压与气压传动技术

主 编 杨广明 陈 科 吴 华

副主编 陈 进 易文翠

主 审 张进春

策划编辑:周 立

责任编辑:李定群 版式设计:周 立

责任校对:张红梅 责任印制:张 策

*

重庆大学出版社出版发行

出版人:饶帮华

社址:重庆市沙坪坝区大学城西路 21 号

邮编:401331

电话:(023)88617190 88617185(中小学)

传真:(023)88617186 88617166

网址:http://www.cqup.com.cn

邮箱:fxk@ cqup.com.cn(营销中心)

全国新华书店经销

重庆市国丰印务有限责任公司印刷

*

开本:787mm×1092mm 1/16 印张:12.5 字数:315 千

2020 年 3 月第 1 版 2020 年 3 月第 1 次印刷

印数:1—2 000

ISBN 978-7-5689-1936-4 定价:39.00 元

前　言

　　"液压与气压传动技术"是机械类专业一门重要的技术基础课程,是机械类专业人才必备的重要知识之一。该课程能让学生掌握液压与气压传动的基础知识;掌握各种液压和气动元件的工作原理、特点、应用及其选用方法;熟悉各类液压与气动基本回路的功用、组成和应用场合;了解国内外先进技术成果在机械设备中的应用。

　　液压传动与气压传动这两种传动系统的原理、组成、图形符号等内容相似,学生只要掌握了液压传动技术的相关知识,再学习气压传动技术就会很容易。因此,本书在内容编排上以液压传动部分为主(第1章至第9章),气压传动部分为辅(第10章、第11章),教师可根据教学需要摘选相关内容或作适当补充。

　　本书在内容的选择和编排上主要考虑以下3点:

　　1.强调理论部分"够用",注重实践能力的培养。

　　2.对液压传动部分的内容作了详细、系统的介绍和讲解,从理论基础到元件、基本回路、典型系统,自成体系。

　　3.气压传动与液压传动有很多相似之处,为避免内容重复,对气压传动部分着重介绍其特点、应用及其与液压传动的不同之处。

　　本书适用于普通工科院校机械类专业的学生,也适用于各类成人高校、自学考试等机械类专业的学生,还可供工矿企业及科研院(所)的工程技术人员参考。

　　本书为重庆市教改一般项目,项目名称:工业工程技术专业学分银行建设研究(编号:193412)。

　　由于作者水平不限,书中难免存在遗漏或疏忽之处,恳请读者批评指正,也欢迎大家提出宝贵意见和建议。

编　者

2019 年 10 月

目录

第1章　绪论 ……………………………………………………………… 1
　1.1　流体传动的起源及发展趋势 …………………………………… 1
　1.2　液压与气压传动的特点及应用 ………………………………… 2
　1.3　流体传动系统的基本工作原理及一般组成 ………… 4
　1.4　液(气)压系统的图形符号 ……………………………………… 8
　　思考题与习题 ……………………………………………………… 9

第2章　液压传动基础 ………………………………………………… 10
　2.1　液压传动基础知识及相关理论 ………………………………… 10
　2.2　液体静力学 ……………………………………………………… 14
　2.3　液体动力学 ……………………………………………………… 18
　2.4　液体在管路中的流动特性 ……………………………………… 21
　2.5　孔口及缝隙流动特性 …………………………………………… 23
　2.6　液压冲击和气穴现象 …………………………………………… 26
　　思考题与习题 ……………………………………………………… 27

第3章　液压动力元件 ………………………………………………… 28
　3.1　概述 ……………………………………………………………… 28
　3.2　柱塞泵 …………………………………………………………… 30
　3.3　叶片泵 …………………………………………………………… 34
　3.4　齿轮泵 …………………………………………………………… 43
　3.5　液压泵的选用 …………………………………………………… 47
　　思考题与习题 ……………………………………………………… 48

第4章　液压执行元件 ………………………………………………… 49
　4.1　液压马达 ………………………………………………………… 49
　4.2　液压缸 …………………………………………………………… 53
　4.3　柱塞式液压缸及其他类型液压缸 …………………………… 62
　　思考题与习题 ……………………………………………………… 64

第5章　液压辅助元件 ………………………………………………… 65
　5.1　油管与管接头 …………………………………………………… 65
　5.2　过滤器 …………………………………………………………… 73
　5.3　蓄能器 …………………………………………………………… 77
　5.4　热交换器 ………………………………………………………… 80
　5.5　油箱 ……………………………………………………………… 83
　5.6　密封装置 ………………………………………………………… 85

5.7　压力表及压力表开关 ………………………………… 89
　　思考题与习题 …………………………………………… 91

第 6 章　液压控制阀 ………………………………………… 92
6.1　概述 …………………………………………………… 92
6.2　方向控制阀 …………………………………………… 95
6.3　压力控制阀 …………………………………………… 102
6.4　流量控制阀 …………………………………………… 111
　　思考题与习题 …………………………………………… 114

第 7 章　液压系统基本回路 ………………………………… 116
7.1　压力控制基本回路 …………………………………… 116
7.2　方向控制基本回路 …………………………………… 120
7.3　速度控制基本回路 …………………………………… 121
7.4　多缸工作控制基本回路 ……………………………… 130
　　思考题与习题 …………………………………………… 136

第 8 章　典型液压传动系统及故障分析 …………………… 138
8.1　组合机床动力滑台液压传动系统分析 ……………… 138
8.2　数控车床液压系统分析 ……………………………… 142
8.3　万能外圆磨床液压传动系统分析 …………………… 144
8.4　汽车起重机液压系统分析 …………………………… 147
8.5　液压系统故障诊断与分析 …………………………… 149
　　思考题与习题 …………………………………………… 152

第 9 章　液压伺服控制和电液比例控制技术 ……………… 153
9.1　液压伺服控制系统的工作原理和组成 ……………… 153
9.2　液压伺服阀 …………………………………………… 156
9.3　典型液压伺服控制系统 ……………………………… 159
9.4　电液比例控制技术 …………………………………… 162
9.5　液压伺服控制系统的发展概况 ……………………… 166
　　思考题与习题 …………………………………………… 167

第 10 章　气压传动基础 …………………………………… 168
10.1　气压传动概述 ……………………………………… 168
10.2　常用气动元件 ……………………………………… 171
　　思考题与习题 …………………………………………… 189

第 11 章　气压传动系统应用实例 ………………………… 190

参考文献 ……………………………………………………… 194

第 1 章
绪 论

1.1 流体传动的起源及发展趋势

"液压与气压传动"是机械、电气类专业的技术基础课程。一般的机械设备是由动力装置、传动装置、工作执行装置及控制装置组成。传动装置中涉及的转动方式有机械传动、电气传动、流体传动及其组合等形式。其中,流体传动(液压与气压传动)是与机械传动、电气传动相并列的一种传动形式,是机电设备设计、使用和维护所必须掌握的技术知识。通过本课程的学习,学生能掌握液压与气压传动的基础知识;掌握各种液压和气动元件的工作原理、特点、应用及其选用方法;熟悉各类液压与气压传动基本回路的功用、组成和应用场合;了解国内外先进技术成果中液压与气压传动系统在机械设备中的应用。

液压传动相对于机械传动来说是一门新兴技术。虽然从 17 世纪中叶帕斯卡提出静压传动原理、18 世纪末英国制成世界上第一台水压机算起,液压传动已有近三百年的历史,但因早期技术水平和生产需求的不足,液压传动技术没有得到普遍应用。液压传动在工业上被广泛采用和有较大幅度的发展却是 20 世纪中期以后的事情,特别是在第二次世界大战期间及战后,军事及建设需求的刺激,使液压技术日趋成熟。

第二次世界大战前后,液压传动装置成功用于舰艇炮塔转向器,其后出现了液压六角车床和磨床。第二次世界大战期间,在兵器上采用了功率大、反应快、动作准的液压传动和控制装置,大大提高了兵器的性能,也大大促进了液压技术的发展。第二次世界大战后,液压技术迅速转向民用,并随着各种标准的不断制订和完善,以及各类元件的标准化、系列化,而在机械制造、工程机械、农业机械及汽车制造等行业中推广开来。

到 20 世纪 30 年代,液压传动技术被广泛应用于通用机床。20 世纪 60 年代以后,随着原子能、空间技术、电子技术等方面的发展,液压技术向更广阔的领域渗透,发展成为包括传动、控制和检测在内的一门完整的自动化技术。采用液压传动的程度已成为衡量一个国家工业水平的重要标志之一。

现今随着液压机械自动化程度的不断提高,液压元件应用数量急剧增加,元件小型化、系统集成化是必然的发展趋势,特别是近 10 年来,液压技术与传感技术、微电子技术密切结合,出现了许多如电液比例控制阀、数字阀、电液伺服液压缸等机(液)电一体化元器件,使液压技术在高压、高速、大功率、节能高效、低噪声、使用寿命长、高度集成化等方面取得了重大进展。无疑,液压元件和液压系统的计算机辅助设计(CAD)、计算机辅助试验(CAT)和计算机实时控制也是当前液压技术的发展方向。

气动技术不仅被用来完成简单的机械动作,还在促进自动化的发展中起着极为重要的作用。从 20 世纪 50 年代起,气动技术不仅用于做功,还发展到用于检测和数据处理等方面。传感器、过程控制器和执行器的发展导致了气动控制系统的产生。近年来,随着电子技术、计算机与通信技术的发展及各种气动组件的性价比进一步提高,气动控制系统的先进性与复杂性进一步得到发展。由于工业自动化以及柔性制造系统(FMS)的发展,要求气动技术以提高系统可靠性、降低总成本、与电子工业相适应为目标,进行系统控制技术以及机、电、液、气综合技术的研究和开发。显然,气动元件的微型化、节能化、无油化是当前的发展特点;与电子技术相结合产生的自适应元件,如各类比例阀和电气伺服阀,使气动系统从开关控制进入反馈控制。计算机的广泛普及与应用为气动技术的发展提供了更广阔的前景。

1.2　液压与气压传动的特点及应用

1.2.1　液压传动的主要优缺点

(1)液压传动的主要优点

与机械传动、电气传动相比,液压传动主要有以下优点:

1)无级调速

能方便地实现大范围的无级调速,调速范围可达 2 000:1。

2)功率密度大

单位质量输出功率大,在同等输出功率条件下体积小、质量小、惯性小、结构紧凑。

3)操纵控制方便

易于实现过载保护,易于实现电-液、气-液等机电一体化传动与控制;采用计算机控制后,可实现大负载、高精度、远程自动控制;运动平稳,因质量小、惯性小、反应快,故液压传动系统易于实现快速启动、制动和频繁的换向。

4)标准化程度高

液压元件实现了标准化、系列化和通用化,便于设计、制造和使用。

(2)液压传动系统的主要缺点

1)效率低

在液压传动系统中,需经两次能量转换,并且存在压力和流量损失,故能量损失大、传动效率较低。

2)不能保证严格的传动比

因液压介质的可压缩性和液压传动过程中泄漏等原因,液压传动不宜用于严格的定比传动中。

3）受工作环境影响较大

液压介质（液压油）的黏度对温度变化较为敏感，工作稳定性差，不宜在很高或很低的温度条件下工作。

4）环境污染

液压传动过程中，不可避免地存在泄漏，不仅污染环境，而且还可能引起火灾和爆炸事故。

5）成本高

液压元件在制造精度上要求较高，因此，它的造价高且一般需要专用液压油，故液压传动系统成本相对较高。

1.2.2　气压传动系统的特点

与液压传动相比，气压传动主要有以下特点：

1）无介质费用

压缩空气来源于大气，取之不尽，用之不竭。

2）易于实现集中供气

空气不论距离远近，极易由管道输送，并且易于实现集中供气和远距离传输。

3）节能环保

压缩空气可储存在储气罐内，随时取用，故不需压缩机连续运转。

4）适应性好

压缩空气不受温度波动的影响，即使在极端温度情况下也能保证可靠的工作。

5）安全性好

压缩空气没有爆炸或着火的危险，因此，不需要昂贵的防爆设施。

6）环境友好

未经润滑排出的压缩空气是清洁的；自漏气管道或气压组件逸出的空气不会污染物体，这一点对食品、医药、电子和纺织工业等极为重要。

7）系统简单

各种工作部件结构简单，价格便宜。

8）速度快

压缩空气为快速流动的工作介质，可获得很高的工作速度。

9）传动平稳性差

空气的可压缩性使活塞的速度不可能总是均匀、恒定的。

10）输出功率小

压缩空气仅在一定的出力条件下使用才经济。常规工作气压为 0.6～0.7 MPa；因行程和速度的不同，故出力限制为 20～30 kN。

11）噪声大

排放空气的声音很大，随着吸音材料和消音技术的发展，噪声大大降低。

12）专用介质处理设备

压缩空气不得含有灰尘和水分，因此，必须进行除水与除尘的处理。

总的来说，液气压传动的优点突出，存在的一些缺点随着技术进步已大为改善。

1.3 流体传动系统的基本工作原理及一般组成

1.3.1 流体传动的基本工作原理

任何机器都是由原动机、传动机构及控制部分、工作机(含辅助装置)组成。为了适应工作机的工作力和速度变化以及其他操纵性能的要求,通常在原动机和工作机之间设置了传动机构,其作用是把原动机输出功率经过变换后传递给工作机。传动机构一般包括机械传动、电气传动和流体传动。流体传动是以流体为工作介质进行能量转换、传递和控制的传动。它主要包括液压传动和气压传动。

下面以液压传动为例来说明流体传动的基本工作原理。如图1.1所示为液压千斤顶的工作原理图。液压千斤顶由活塞7和缸体6组成的大油缸为举升液压缸;缸体2、活塞3组成的小油缸与杠杆手柄1、单向阀4和5组成手动液压泵。若向上提起手柄,使活塞3向上移动,小活塞下腔容积增大,形成局部真空。这样,油箱9中的油液在大气压的作用下打开单向阀4,经吸油管进入小油缸的下腔,完成吸油;当用力压下手柄,小活塞下移,小活塞下腔压力升高,单向阀4自动关闭,单向阀5再打开,下腔的油液经管道输入举升液压缸6的下腔,迫使大活塞7向上移动,顶起重物。再次提起手柄吸油时,靠重物的作用,举升液压缸6下腔的压力油使单向阀5自动关闭,使油液不能倒流;油箱中的油液经单向阀4再次进入小油缸的下腔。如此往复扳动手柄,就能不断地把油液压入举升液压缸下腔,使重物逐渐地升起。如果打开截止阀8,举升液压缸下腔的油液在重物作用下通过管道、截止阀8流回油箱,重物下降。

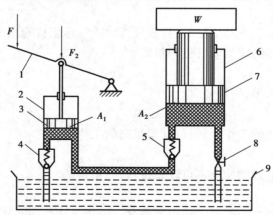

图1.1 液压千斤顶工作原理图
1—杠杆手柄;2—小油缸;3—小活塞;4,5—单向阀;
6—大油缸;7—大活塞;8—截止阀;9—油箱

通过液压千斤顶的工作过程,可了解液压传动的工作原理。液压传动利用有压力的油液作为传递动力的工作介质,压下手柄时,小油缸2输出压力油,将机械能转换成油液的压力能;压力油经过管道及单向阀5,推动大活塞7举起重物,将油液的压力能又转换成机械能。

1.3.2 流体传动的基本特征

（1）力的传递

如图1.1所示，设小活塞和大活塞的作用面积分别为A_1，A_2，作用在大活塞上的重物（负载）为W，杠杆手柄作用在小活塞上的力为F_1，则负载W在液压缸中下腔所产生的压力为$p_2 = W/A_2$。为了使小油缸下腔的油液进入大油缸下腔，那么，小活塞下腔必须产生一个等值的压力p_1，即$p_1 = p_2 = p$。因此，为了克服负载使举升液压缸上升，作用在小活塞上的力F_1应为

$$F_1 = p_1 A_1 = p_2 A_1 = \frac{A_1}{A_2} W \tag{1.1}$$

或

$$\frac{W}{F_1} = \frac{A_2}{A_1} \tag{1.2}$$

由于液压千斤顶小活塞面积A_1远小于大活塞面积A_2，即$A_1/A_2 \ll 1$，则由式（1.1）可知，$F_1 \ll W$。这说明要举升负载W，只需要在小活塞上施加远小于负载W的力，这就是液压千斤顶的理论基础。

通过上述分析可知，当A_1，A_2一定时，负载W越大，系统中的压力p也越高，所需的作用力F_1也越大。这就是液（气）压传动的第一个基本定律，即液（气）压传动中工作压力取决于外负载，而与流体流入多少无关。

（2）运动的传递

如图1.1所示，如果不考虑液压油的可压缩性、泄漏及缸体、管路的变形，小活塞排出的油液体积必然等于进入举升液压缸下腔的油液体积，从而使大活塞升起。设小活塞位移为s_1，大活塞位移为s_2，则

$$V = s_1 A_1 = s_2 A_2 \tag{1.3}$$

式（1.3）两边同时除以运动时间t，得

$$q = v_1 A_1 = v_2 A_2 \tag{1.4}$$

或

$$\frac{v_2}{v_1} = \frac{A_1}{A_2} \tag{1.5}$$

式中　v_1，v_2——小活塞和大活塞的平均运动速度；

　　　q——单位时间内流过截面的油液体积，在液压传动中称为流量。

由式（1.4）可知，当A_1，A_2一定时，大活塞举升的速度v_2取决于流入大油缸的流量。由$A_1/A_2 \ll 1$，则由式（1.5）可知，$v_2 \ll v_1$，即大活塞的上升速度远小于小活塞的运动速度。这说明液压千斤顶通过压力油来传递能量，放大了作用在小活塞上的力来举升负载W，但其上升速度远小于小活塞的运动速度，这是由能量守恒定律所决定的。

由上述分析可知，大活塞的运动速度只取决于输入流量的多少，而与外负载大小无关。这就是液（气）压传动的第二个基本定律。

从上述讨论还可知，与外负载相对应的是流体压力；与运动速度相对应的是流体流量。因此，压力和流量是液（气）压传动中两个最基本的参数。

1.3.3　流体传动系统的组成

(1)液压传动系统的组成

如图 1.2 所示为液压升降台车液压传动系统工作原理。其工作原理如下:液压泵 3 由原动机 9(柴油机或电动机)驱动转动,在其进口处形成真空经由过滤器 2 从油箱 1 中吸油,在出口处排出高压油。当操作手柄 6 使换向阀 5 的阀芯向右移动时,阀内的通道 P 与 A 和 B 与 T 相互接通,液压泵输出的高压油经换向阀 5 进入支臂油缸 7 的下腔,推动活塞向上运动,使支臂 8 及平台 10 升起;油缸 7 上腔的油液则经换向阀 5 返回油箱。当换向阀 5 的阀芯回复到中位时,换向阀内通道 P 与 A 和 B 与 T 互不相通(见图 1.2),油缸因进出油路同时被切断而停止不动,平台 10 便在相应位置上固定下来。此时,液压泵排出的高压油则顶开溢流阀 4 的钢球流回油箱。当换向阀芯向左移动时,阀内的通道 P 与 B 和 A 与 T 相互接通,则支臂油缸 7 的上腔进油、下腔回油,活塞杆缩回,支臂 8 及平台 10 慢慢下放。当负载增大致使液压系统压力增高时,压力油也会打开溢流阀 4。因此,系统的最大工作压力不会超过溢流阀 4 的预先调定压力。溢流阀 4 具有系统过载保护功能。

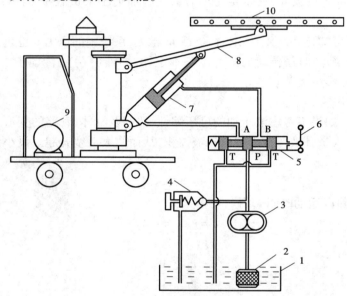

图 1.2　液压升降台车液压系统工作原理

1—油箱;2—过滤器;3—液压泵;4—溢流阀;5—换向阀;
6—操作手柄;7—油缸;8—支臂;9—原动机;10—平台

从上述例子可知,液压传动是以液体作为工作介质来进行工作的。一个完整的液压传动系统由以下 5 部分组成:

1)动力元件

动力元件即液压泵,是将原动机所输出的机械能转换成液体压力能的元件。其作用是向液压系统提供压力油。液压泵是液压系统的心脏。

2)执行元件

执行元件是把液体压力能转换成机械能以驱动工作机构的元件。执行元件分为液压缸和液压马达两类。

3）控制元件

控制元件包括压力、方向和流量控制元件,是对系统中油液压力、流量和方向进行控制和调节的元件。

4）辅助元件

除上述 3 个组成部分以外的其他元件,如管道、管接头、油箱及过滤器等为辅助元件。

5）工作介质

液压传动系统以液压油作为工作介质,用它进行能量和信号的传递。

（2）气压传动系统的组成

如前所述,气压传动与液压传动的基本工作原理相似。但由于压缩空气和液压油这两种介质的性质差异,因此,气压传动与液压传动各有特点。

气压传动系统的基本组成如图 1.3 所示。它主要由空气压缩机、空气净化装置、管道、各种控制阀及气缸等组成。各部分的功能和作用如下:

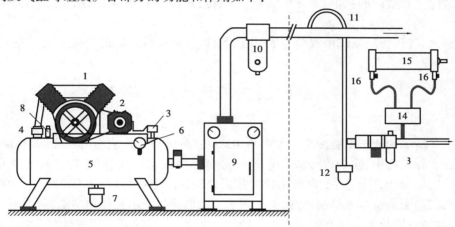

图 1.3 气压传动系统的基本组成
1—空气压缩机;2—电动机;3—压力开关;4—单向阀;5—储气罐;6—压力表;7,12—自动排水器;
8—安全阀;9—空气干燥器;10—主管道过滤器;11—压缩空气的分支输出管路;
13—空气处理组件;14—方向控制阀;15—气缸;16—流量控制阀

1）空气压缩机

空气压缩机是将大气压力的空气压缩并以较高的压力输出给气动系统,把机械能转变为气压能。

2）原动机

原动机是将电能转变成机械能,给压缩机提供机械动力。

3）压力开关

压力开关是将储气罐内的压力信号转变为电信号,用来控制电动机。压力开关有两个调定值:最高压力和最低压力。储气罐内的压力达到最高压力值时,通过压力开关使电动机停止;达到最低压力值时,也被调节到另一个最低压力,通过压力开关重新启动电动机。

4）单向阀

单向阀让压缩空气从压缩机进入气罐,当压缩机关闭时,阻止压缩空气反方向流动。

5）储气罐

储气罐储存压缩空气。它的尺寸大小根据压缩机的容量来选取。储气罐的容积越大,则压缩机运行时间间隔就越长。

6）压力表

显示储气罐内的压力。

7）自动排水器

无须人手操作，排掉凝结在储气罐内的水。

8）安全阀

当储气罐内的压力超过允许限度，可将压缩空气溢出。

9）冷冻式空气干燥器

将压缩空气冷却到一定温度（露点温度通常为 2 ~ 8 ℃），使大部分空气中的湿气凝结，以减少空气中的水分。

10）主管道过滤器

用以清除主管道内的灰尘、水分和油分。主管道过滤器必须具有最小的压力降和油雾分离能力。

归纳起来，气压传动系统由气源装置、执行元件、控制元件及辅助元件组成。

1.4 液（气）压系统的图形符号

如图 1.2 所示的液压系统图是一种半结构式的工作原理图。它直观性强，容易理解，但难于绘制。在实际工作中，除少数特殊情况外，一般都采用国家标准《流体传动系统及元件图形符号和回路图 第 1 部分：用于常规用途和数据处理的图形符号》（GB/T 786.1—2009）所规定的液压与气动图形符号来绘制，如图 1.4 所示。图形符号表示元件的功能，而不表示元件的具体结构和参数；反映各元件在油路连接上的相互关系，不反映其空间安装位置；只反映静止位置或初始位置的工作状态，不反映其过渡过程。使用图形符号既便于绘制，又可使液压系统简单明了。

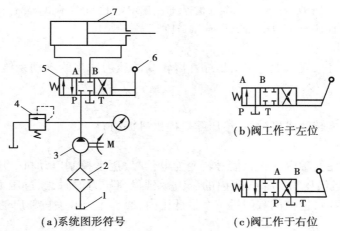

（a）系统图形符号　　　　（b）阀工作于左位　　　　（c）阀工作于右位

图 1.4　液压升降台车液压系统图形符号

1—油箱；2—过滤器；3—液压泵；4—溢流阀；5—换向阀；6—操作杆；7—油缸

思考题与习题

1.1 什么是流体传动？流体传动的基本工作原理是什么？

1.2 流体传动系统由哪些部分组成？各部分的作用是什么？

1.3 与其他传动方式相比较，液压传动有哪些主要优点和缺点？

1.4 与液压传动方式相比较，气压传动有哪些特点？

第**2**章
液压传动基础

液压传动和气压传动同属于流体传动。液压传动以油液作为工作介质,通过液压油来传递能量和信号,同时对液压装置的零件进行润滑、冷却。气压传动则以压缩空气为工作介质来进行能量与信号的传递,驱动和控制各种机械设备,实现各种生产过程。由于传动介质不同,它们分别涉及液体静力学、运动学和动力学以及空气静力学、运动学和动力学相关知识。本章简要介绍这几方面的理论基础知识。

2.1　液压传动基础知识及相关理论

液压传动系统中的介质包括液压油、乳化液和合成工作液等。其功能是传递能量和信号,同时对液压装置的机构和元件起润滑、冷却、去污及防锈等作用。

2.1.1　液压传动工作介质的主要物理性质

(1)密度

单位体积液体所具有的质量,称为密度。液体的密度受压力和温度的影响,会随着温度的上升略有减小,随压力的增加而略有增加。我国采用20 ℃时测得的标准大气压下的密度为标准密度,以 ρ_{20} 表示。常用液压传动工作介质的密度见表2.1。

表2.1　常用工作介质的密度/$(\text{kg} \cdot \text{m}^{-3})$

种　类	ρ_{20}	种　类	ρ_{20}
石油基液压油	850～900	增黏高水基液	1 003
水包油乳化油	998	水-乙二醇液	1 060
油包水乳化油	932	磷酸酯液	1 150

(2)可压缩性

液体受压力作用而发生体积变化的性质,称为液体的可压缩性。体积为 V 的液体,当压力增大 Δp 时,体积减小 ΔV,则其体积压缩率 β 为

$$\beta = -\frac{1}{V}\frac{\Delta V}{\Delta p} \qquad\qquad (2.1)$$

在液压传动中,常以 β 的倒数即液体的体积弹性模量 k 表示油液的压缩性,即

$$k = \frac{1}{\beta} \qquad\qquad (2.2)$$

一般石油基液压油的 k 值平均约为 1.22 GPa。实际应用中,液体内会混入气泡等,k 值显著减小。一般液体的可压缩性对液压系统性能影响不大,可以忽略;但在高压或研究系统动态性能时,则必须予以考虑,建议取 $k = 0.7 \sim 1.4$ GPa。

（3）黏性

液体流动时,分子间的内聚力表现为阻碍液体分子相对运动的内摩擦力,这种性质称为液体的黏性。内摩擦阻力是液体黏性的表现形式,只有在运动时才表现出黏性,静止时油液不呈现黏性。液体流动时,与固体壁面的附着力及本身的黏性使流体内各处的速度大小不等。如图 2.1 所示,油液沿平行平板间流动,其中上平板以速度 u_0 向右运动,下平板固定不动。紧贴于上平板上的油液黏附于上平板上,其速度与上平板相同;紧贴于下平板上的油液黏附于下平板上,其速度为零;中间油液的速度呈线性分布。运动速度为 $u + \mathrm{d}u$ 的较快油层会带动速度为 u 的较慢油层,而慢层油液又会阻止快层油液运动,各层之间相互制约,即产生内摩擦力。

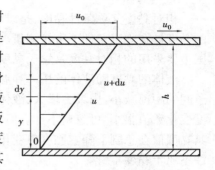

图 2.1　液体的黏性示意图

由实验可知,流体层间的内摩擦力 F 与接触面积 A 及层间相对流速 $\mathrm{d}u$ 成正比,而与层间距离 $\mathrm{d}y$ 成反比,即

$$F = \mu A \frac{\mathrm{d}u}{\mathrm{d}y} \qquad\qquad (2.3)$$

以 $\tau = F/A$ 表示切应力,则

$$\tau = \mu \frac{\mathrm{d}u}{\mathrm{d}y} \qquad\qquad (2.4)$$

式中　μ——衡量流体黏性的比例系数,称为黏度;

$\dfrac{\mathrm{d}u}{\mathrm{d}y}$——流体层间的速度梯度。

式（2.4）是液体内摩擦定律的数学表达式。当速度梯度变化时,μ 为常数的流体称为牛顿流体;μ 为变数的流体称为非牛顿流体。一般的液压传动工作介质均可看成牛顿流体。

黏性的大小可用黏度来衡量。流体的黏度通常有 3 种不同的表达形式,即动力黏度、运动黏度和相对黏度。

1）动力黏度 μ

动力黏度又称绝对黏度,是指液体在单位速度梯度下流动时单位面积上产生的内摩擦力。由式（2.4）可得 μ 的量纲为 $[\mathrm{N/m^2 \cdot s}]$,即 $[\mathrm{Pa \cdot s}]$。因其量纲中有动力学要素,故而得名。

2）运动黏度 ν

运动黏度是动力黏度 μ 与流体密度 ρ 的比值,即

$$\nu = \frac{\mu}{\rho} \qquad\qquad (2.5)$$

式中　ν——液体的运动黏度，m^2/s；

　　　ρ——液体的密度，kg/m^3。

运动黏度没有明确的物理意义。液压油的牌号一般都以运动黏度（m^2/s）的 $1/10^6$，即以 mm^2/s（cSt，厘斯）为单位的运动黏度值来表示。在工程中常用运动黏度 ν 作为液体黏度的标志。机械油的牌号就是用机械油在 40 ℃时的运动黏度 ν 的平均值来表示的。例如，10 号机械油就是指其在 40 ℃时的运动黏度 ν 的平均值为 10cSt。

3）相对黏度

相对黏度又称条件黏度，是以相对于蒸馏水黏性的大小来表示该液体的黏性，可使用特定的黏度计在规定条件下直接测量。根据测量条件不同，各国采用的相对黏度的单位也不同；我国主要采用的相对黏度是恩氏黏度（°E）。

液体的黏度随液体的压力和温度变化而变化。对液压传动介质来说，压力增大时，液体分子间的距离减小，内聚力增大，液体黏度值随之增大。在一般液压系统使用的压力范围内，黏度变化数值很小，可忽略不计。但液压传动工作介质的黏度对温度变化十分敏感。温度升高，其黏度值会急剧下降。黏度值变化率的大小直接影响液压传动工作介质的使用性能，其重要性不亚于黏度本身。

（4）其他性质

液压传动工作介质还有其他一些性质，如稳定性（热稳定性、氧化稳定性、水解稳定性及剪切稳定性等）、抗泡沫性、抗乳化性、润滑性及相容性（对所接触的金属、密封材料、涂料等作用程度）等，都对它的选择和使用有重要影响。这些性质需要在精炼的矿物油中加入各种添加剂来获得。

2.1.2　液压油的分类和选用

表 2.2 为常用的液压油的系列。液压油的牌号（即数字）表示在 40 ℃下测得油液运动黏度的平均值（单位为 cSt）。旧牌号的数字表示在 50 ℃时油液运动黏度的平均值。

表 2.2　常用液压油系列

种　类	牌　号	旧牌号	用　途
普通液压油	N_{32} 号液压油 N_{68}G 号液压油	20 号精密机床液压油 40 号液压导轨油	用于环境温度 0～45 ℃工作的各类液压泵的中、低压液压系统
抗磨液压油	N_{32} 号抗磨液压油 N_{150} 号抗磨液压油 N_{168}K 号抗磨液压油	20 抗磨液压油 80 抗磨液压油 40 抗磨液压油	用于环境温度 -10～40 ℃工作的高压柱塞泵或其他泵的中、高压系统
低温液压油	N_{15} 号低温液压油 N_{46}D 号低温液压油	低凝液压油 工程液压油	用于环境温度 -20 ℃至高于 40 ℃工作的各类高压油泵系统

正确、合理地选用液压油，是保证液压设备高效率正常运转的前提。选用液压油，可根据液压元件生产厂家的样本或说明书所推荐的牌号选用，也可根据设备的性能、使用环境等综合

因素来选用。一般机械可采用普通液压油;设备在高温环境下,可采用抗燃性能好的液压油;在高压、高速机械上,可选用抗磨液压油;当要求低温流动性好,则可用加抗凝剂的液压油。

在选用液压油时,黏度是一个重要的参数。液压油的黏度高低将影响运动部件的润滑、缝隙的泄漏,以及流动时的压力损失、系统的发热温升等。因此,在环境温度较高,工作压力较高或运动速度较低时,应选用黏度较高的液压油;反之,则选用黏度较低的液压油。

在液压传动装置中,可简单根据液压泵的要求来确定工作介质的黏度,见表2.3。

表2.3 按液压泵类型推荐用工作介质的黏度

液压泵类型		工作介质黏度	
		液压系统温度 5~40 ℃	液压系统温度 40~80 ℃
齿轮泵		30~70	65~165
叶片泵	$p \leqslant 7.0$ MPa	30~50	40~75
	$p \geqslant 7.0$ MPa	50~70	55~90
径向柱塞泵		30~80	65~240
轴向柱塞泵		40~75	70~150

2.1.3 液压系统对工作介质的主要性能要求

液压系统能否可靠、有效、安全且经济的运行,与所选用的工作介质的性能密切相关。液压系统根据其组成、结构和工作条件、环境条件和性能对工作介质提出的一系列要求,主要包括以下4点:

(1)适宜的黏度和良好的黏温特性

选择工作介质时,黏度是需要考虑的重要因素之一。黏度过高或过低都不行。黏度过大,将导致黏性阻力损失增加;黏度太低,将使泄漏增加、容积效率降低。工作介质的黏度随温度和压力的变化越小越好。

(2)润滑性能好

为防止发生黏着磨损、磨粒磨损、疲劳磨损等现象,以免造成泵和马达性能降低,缩短寿命,产生系统故障,要求工作介质对元件的摩擦副有良好的润滑性能和挤压抗磨性能。

(3)良好的化学稳定性

介质氧化后酸值会增加,从而增加腐蚀程度。因此,要求介质具有良好的化学稳定性。

(4)对金属材料具有防锈性和防腐性

液压元件大多为金属材料,因此,要求工作介质有阻止与其接触的金属元件产生锈蚀的能力和防腐蚀性。

此外,还要求工作介质比热、热传导率大,热膨胀系数小;抗泡沫性好,抗乳化性好;成分纯净,含杂质少;流动点和凝固点低,闪点和燃点高;无毒、价格便宜等。

2.1.4 液压油的污染与防治措施

液压油清洁与否不仅影响液压系统的工作性能和液压元件的使用寿命,而且直接关系液压系统是否能正常工作。液压系统多数故障与液压油受到污染有关。因此,控制液压油的污染是十分重要的。

油液的污染是指油液中含有固体颗粒、水、微生物等杂质。这些杂质的存在会导致以下问题：

①固体颗粒和胶状生成物堵塞滤油器，使液压泵吸油不畅，运转困难，产生噪声；堵塞阀类元件的小孔或缝隙，使阀类元件动作失灵。

②微小固体颗粒会加速有相对滑动零件表面的磨损，使液压元件不能正常工作，还会划伤密封件，增加泄漏量。

③水分和空气的混入会降低液压油的润滑性，并加速其氧化变质，产生气蚀，加速液压元件的损坏，可能使液压传动系统出现振动、爬行等现象。

通常采用以下措施控制液压油的污染：

①减少外来的污染。液压传动系统的管路和油箱在装配前必须严格清洗，用机械的方法去除表面氧化物和残渣，然后进行酸洗；传动系统在组装后要进行全面清洗，最好用系统工作时使用的油液清洗，特别是液压伺服系统最好经过几次清洗来保证清洁；油箱通气孔要加空气滤清器，油箱加油时要使用滤油装置；外露件应装防尘密封，并且经常检查，定期更换；液压传动系统的维修、液压元件的更换、拆卸应在无尘区进行。

②滤除系统产生的杂质。应在系统相应的部位安装适当精度的过滤器，并且要定期检查、清洗或更换滤芯。

③控制液压油的工作温度。液压油工作温度过高会加速其氧化变质，产生各种生成物，缩短其使用周期。

④定期检查更换液压油。应根据液压设备使用说明书的要求和维护保养规程的有关规定，定期检查更换液压油；更换液压油时，要清洗油箱，冲洗系统管道及元件。

2.2　液体静力学

2.2.1　液体静压力及其特性

静止液体单位面积上所受的法向力，称为静压力，用 p 表示。液体内某质点处的法向力 ΔF 对其微小面积 ΔA 的压力 p 可表示为

$$p = \lim_{\Delta A \to 0} \frac{\Delta F}{\Delta A} \tag{2.6}$$

若法向力均匀地作用在面积 A 上，则压力可表示为

$$p = \frac{F}{A} \tag{2.7}$$

式中　A——液体有效作用面积；

　　　F——液体有效作用面积 A 上所受的法向力。

静压力具有以下两个重要特征：

①液体静压力垂直于作用面，其方向与该面的内法线方向一致。

②静止液体中，任何一点所受到的各方向的静压力都相等。

2.2.2　液体静力学方程

如图 2.2 所示为静止液体内部压力分布规律。设容器中装满液体,在任意点 A 处取一微小面积 dA,该点距液面深度为 h,距坐标原点高度为 Z,容器液平面距坐标原点为 Z_0,则

$$p dA = p_0 dA + \rho g h dA \tag{2.8}$$

故

$$p = p_0 + \rho g h \tag{2.9}$$

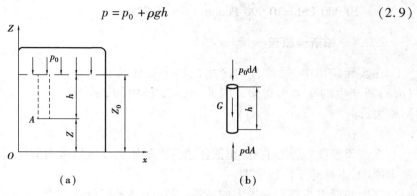

（a）　　　　　　　　　（b）

图 2.2　静压力的分布规律

由图 2.2 可知

$$h = Z_0 - Z \tag{2.10}$$

将式(2.10)代入式(2.9)整理后,得

$$p + \rho g Z = p_0 + \rho g Z_0 \tag{2.11}$$

或

$$\frac{p}{\rho g} + Z = \frac{p_0}{\rho g} + Z_0 \tag{2.12}$$

由式(2.9)可知,静止液体中任一点的压力均由两部分组成,即液面上的表面压力 p_0 和液体自重而引起的对该点的压力 $\rho g h$。静止液体内的压力随液体距液面的深度变化呈线性规律分布,并且在同一深度上各点的压力相等,压力相等的所有点组成的面为等压面。很显然,在重力作用下静止液体的等压面为一个平面。

式(2.12)是液体静力学基本方程的另一种形式。Z 常称为位置水头。$p/\rho g$ 表示 A 点单位质量液体的压力能,称为压力水头。由此可知,静止液体中任一点位能和压力能之和为一常量。这就是能量守恒定律在静止流体中的一种表达形式。

2.2.3　压力的表示方法及单位

压力的表示方法有绝对压力和相对压力两种。以绝对真空($p = 0$)为基准,所测得的压力为绝对压力;以大气压为基准,测得的压力为相对压力。大多数测压仪表所测得的压力都是相对压力,因此,相对压力也称表压力。

若绝对压力大于大气压,则相对压力为正值;若绝对压力小于大气压,则相对压力为负值。比大气压小的那部分称为真空度。绝对压力、相对压力(表压力)和真空度的关系如图 2.3 所示。

压力单位为帕斯卡($Pa,N/m^2$),简称帕。由于此单位很小,工程上使用不便。因此,常采用它的倍单位兆帕($MPa,1\ MPa = 10^6 Pa$)。

在液压技术中,国外还采用 bar 和 PSI,它们的换算关系为

$$1\ bar = 10^5 N/m^2 = 0.1\ MPa$$
$$10\ 000\ PSI = 10\ 000\ Pound/In^2 \approx 69\ MPa$$

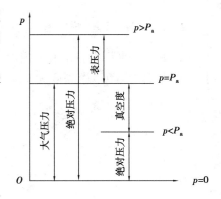

图 2.3 绝对压力与表压力的关系

2.2.4 帕斯卡原理

在实际应用中,通常外力产生的压力要比液体自重(ρgh)所产生的压力大得多。因此,式(2.9)中的 ρgh 项可略去,即

$$p = p_0 = c(常数) \tag{2.13}$$

在密闭容器内,施加在静止液体边界上的压力将等值地向液体内所有方向传递,这就是帕斯卡原理,也称静压传递原理。

根据帕斯卡原理和静压力的特性,液压传动不仅可传递力,还能改变力的大小和方向。如图 2.4 所示为静压传递原理应用实例。其中,A_1,A_2 分别为液压缸 1 和 2 的活塞面积,两缸用管道连接。F_1 作用在液压缸 1 的活塞杆上,活塞端面上压力 $p = F_1/A_1$。依据帕斯卡原理,压力 p 通过连通管道传至液压缸 2 的活塞端面上,当压力 $p = W/A_2$,液压缸 2 的大活塞开始运动。由此可知,液压传动必须在封闭容器内进行;液压系统中的压力由外界负载决定,即液体的压力是因受到各种形式的阻力而形成的,当外负载 $W = 0$ 时,$p = 0$;液压传动可将力放大,力的放大倍数等于活塞面积之比。

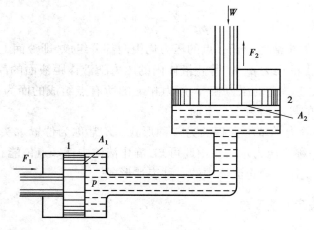

图 2.4 静压传递原理应用实例

2.2.5 静压力对固体壁面的作用力

在液压传动中,液体流经管道和控制元件,推动执行元件做功,都会接触固体壁面,会对固体壁面产生作用力。

当固体壁面为一平面时,流体对平面的作用力 F 等于流体的压力 p 乘以该平面的面积 A,即

$$F = pA \tag{2.14}$$

当固体壁面为一曲面时,A 应取该曲面在与 F 方向垂直的平面内的投影面积。如图 2.5 所示,当承受压力的表面为曲面时,液体静压力在该曲面方向上的总作用力 F_i,等于液体压力 p 与曲面在该方向投影面积 A_i 的乘积,即

$$F_i = pA_i \tag{2.15}$$

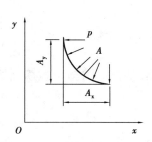
图 2.5　液体对曲面的作用力

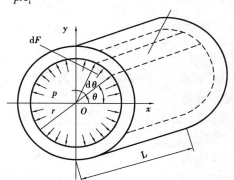
图 2.6　作用在缸筒上的力

作用在曲面上的总力 F 可求得

$$F = \sqrt{F_x^2 + F_y^2} \tag{2.16}$$

例 2.1　如图 2.6 所示的液压缸筒,已知缸筒半径为 r,长度为 L,液压油工作压力为 p,试求液压力作用在缸筒右内表面 x 方向的分力 F_x。

解　在缸筒上取一微小窄条,其面积为

$$dA = L\, ds = Lr\, d\theta$$

液压油作用在这微小面积上的力 $dF = \rho dA$,则 dF 在 x 方向的投影为

$$dF_x = dF \cos\theta = prL \cos\theta\, d\theta \tag{2.17}$$

在液压缸筒右半壁上 x 方向的总作用力为

$$F_x = \int_{-\frac{\pi}{2}}^{\frac{\pi}{2}} prL \cos\theta\, d\theta = prL\left[\sin\left(\frac{\pi}{2}\right) - \sin\left(-\frac{\pi}{2}\right)\right] = 2prL \tag{2.18}$$

由式(2.18)可知,$2Lr$ 为曲面在与 x 方向垂直平面的投影面积。由此可得出结论,作用在曲面上的液压力沿某一方向上的分力等于静压力与曲面在与该方向垂直平面投影面积的乘积。这一结论对任意曲面都适用。

例 2.2　如图 2.7 所示为一圆锥阀。阀口直径为 d,在锥阀的部分圆锥面上有油液作用,各处的压力均为 p。试求油液对锥阀的总作用力。

解　由于阀芯左右对称,油液作用在阀芯上的总力在水平方向的分力 $F_x = 0$;垂直方向的分力即为总作用力,部分圆锥面在 y 方向垂直面内的投影面积为 $\pi d^2/4$,则油液对锥阀阀芯的总作用力为

$$F = F_y = p\frac{\pi d^2}{4} \tag{2.19}$$

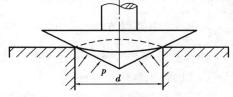
图 2.7　油液对锥阀的作用

2.3 液体动力学

流体的连续性方程、伯努利方程以及动量方程
是描述流体动力学的基本方程。前两个方程可反映压力、流速或流量及能量损失之间的关系；
动量方程可解决流体与固体边界之间的相互作用力问题。

2.3.1 基本概念

(1)理想流体
既无黏性又不可压缩的液体,称为理想流体;反之,称为实际流体。

(2)定常流动
液体流动时,若液体中任意点的运动参数不随时间变化的流动状态,称为定常流动;反之,
则称为非定常流动。

(3)通流截面
与液体流动方向相垂直的液体横截面,称为通流截面。

(4)流量
单位时间内流过通流截面的液体体积,称为流量,用 $q(\mathrm{m^3/s})$ 表示。油液通过截面积为 A
的管路时,其平均流速用 v 表示,即

$$v = \frac{q}{A}$$

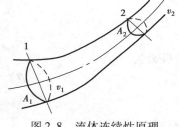

图 2.8　流体连续性原理

2.3.2 连续性方程

连续性方程是质量守恒定律在流体力学中的一种表达形式。
在如图 2.8 所示的管路中,流过截面 1 和 2 的流量分别为 q_1 和
q_2,截面面积分别为 A_1 和 A_2,液体流经截面 1,2 时的平均流速分
别为 v_1 和 v_2。根据质量守恒定律,在单位时间内流过两截面的
液体质量相等,即

$$\rho_1 v_1 A_1 = \rho_2 v_2 A_2 \tag{2.20}$$

不考虑液体压缩性,即 $\rho_1 = \rho_2$(常数),则

$$v_1 A_1 = v_2 A_2 = c(常数) \tag{2.21}$$

式(2.21)表明,液体在无分支管路稳定流动时,流经管路不同截面时的平均流速与其截
面积的大小成反比。管路截面积小的地方平均流速大,管路截面积大的地方平均流速小。

2.3.3 伯努利方程

伯努利方程是能量守恒定理在流动液体中的表现形式,即为能量方程。

(1)理想流体伯努利方程
对定常流动的理想液体,根据能量守恒定理,同一管道任意截面的总能量相等。
如图 2.9 所示,任取两通流截面 1 和 2,其截面积分别为 A_1 和 A_2,截面 1,2 处的平均流速

分别为 v_1 和 v_2，压力分别为 p_1 和 p_2，两截面至水平参考平面距离分别为 z_1 和 z_2。

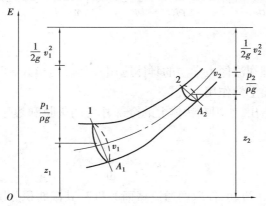

图 2.9　伯努利方程示意图

由此可得理想流体的伯努利方程

$$\frac{p_1}{\rho g} + z_1 + \frac{1}{2g}v_1^2 = \frac{p_2}{\rho g} + z_2 + \frac{1}{2g}v_2^2 = c \tag{2.22}$$

或

$$p_1 + \rho g z_1 + \frac{1}{2}\rho v_1^2 = p_1 + \rho g z_1 + \frac{1}{2}\rho v_1^2 = c(常数) \tag{2.23}$$

式(2.23)左端各项依次分别为单位质量液体的压力能、位能和动能。式(2.22)和式(2.23)表示液体流动时不同性质的能量之间可以相互转换，但总的能量守恒。

（2）实际流体的伯努利方程

实际流体因为具有黏性，存在内摩擦力，并且管道形状和尺寸的变化也会使液体产生扰动，造成能量损失。因此，实际液体在流动时的伯努利方程为

$$p_1 + \rho g z_1 + \frac{1}{2}\alpha_1 \rho v_1^2 = p_1 + \rho g z_1 + \frac{1}{2}\alpha_2 \rho v_1^2 + h_w \tag{2.24}$$

式中　h_w——从通流截面 1 流到截面 2 的能量损失；

　　　α_1，α_2——动能修正系数(修正以平均流速代替实际流速的误差)。

例 2.3　如图 2.10 所示，泵从油箱吸油，其流量为 25L/min，吸油管直径 $d =$ mm，设滤网及管道内总的压降为 0.03 MPa，油液的密度为 $\rho = 880$ kg/m³。要保证泵的进口真空度不大于 0.033 6 MPa，试求泵的安装高度。

解　取油箱液面 1—1 和泵进口 2—2 作参考面，建立伯努利方程

$$p_1 + \frac{1}{2}\rho v_1^2 = p_1 + \rho g h + \frac{1}{2}\rho v_1^2 + \Delta p$$

式中　p_1——油箱液面的压力，等于大气压力 p_0；

　　　p_2——泵进口处绝对压力。

因油箱的截面远大于油管通流截面，故 $v_1 \approx 0$。

泵的安装高度为

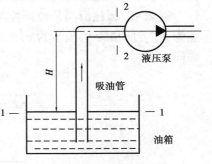

图 2.10　泵的吸油高度

$$H = \frac{p_1 - p_2}{\rho g} - \frac{1}{2g}v_2^2 - \frac{\Delta p}{\rho g} = \frac{p_1 - p_2}{\rho g} - \frac{1}{2g}\left(\frac{4q}{\pi d^2}\right)^2 - \frac{\Delta p}{\rho g} = 0.4 \text{ m}$$

2.3.4 动量方程

动量方程是动量定理在流体力学中的具体应用及其表达形式,可用来计算流动液体作用于限制其流动的固体壁面上的作用力。

刚体力学动量定理指出,作用在物体上的全部外力的矢量和等于物体在力的作用方向上的动量的变化率,即

$$\sum F = \frac{\mathrm{d}(m\vec{v})}{\mathrm{d}t} \tag{2.25}$$

如图 2.11 所示的定常流动,任取两通流截面 1 和 2,其截面积分别为 A_1 和 A_2,截面 1,2 处的平均流速分别为 v_1 和 v_2。设该段液体在时刻 t 的动量为 $(m\vec{v})_{1\text{-}2}$,经 Δt 后,该段液体移动到 $1'$,$2'$ 截面间,液体动量为 $(m\vec{v})_{1'\text{-}2'}$,液体的动量方程为

$$\sum F = \frac{\mathrm{d}(m\vec{v})}{\mathrm{d}t} = \frac{(m\vec{v})_{1'\text{-}2'} - (m\vec{v})_{1\text{-}2}}{\Delta t} = pq(\beta_2 v_2 - \beta_1 v_1) \tag{2.26}$$

式中　q——流量;

β_1,β_2——动量修正因数(修正以平均流速代替实际流速计算的误差)。

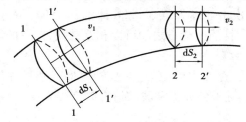

图 2.11　动量方程示意图

式(2.26)是一个矢量表达式,该式表明作用在液体控制体积上的外力和等于单位时间内流出控制表面与流入控制表面的液体的动量之差。

例 2.4　圆柱滑阀是液压控制阀中的一种常见结构,如图 2.12 所示。液体流入阀口的流速为 v_1,方向角为 θ,流量为 q,流出阀口的速度为 v_2。试计算液流通过滑阀时,液流对阀芯的轴向作用力。

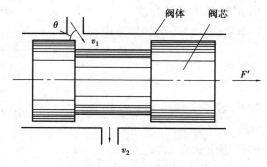

图 2.12　圆柱滑阀的稳态液动力

解　取阀进出口之间的液体为控制体积,设液流作定常流动,动量修正因数 $\beta_1 = \beta_2 = 1$,滑阀轴向的动量方程为

$$F = \rho q (v_2 - v_1) = \rho q (v_2 \cos 90° - v_1 \cos \theta) = -\rho q v_1 \cos \theta$$

式中　F——控制体液流的轴向作用分力,负号表示该力的方向与速度的投影方向,即该力的方向向左。

液流对阀芯的作用力 F' 与 F 大小相当,方向相反,即

$$F' = -F = \rho q v_1 \cos \theta$$

可知,F' 是一个试图使滑阀阀口关闭的力。

2.4　液体在管路中的流动特性

实际液体流动时管道会产生阻力,为克服阻力,流动的液体需要耗掉一部分能量,称为压力损失。液体流动时的压力损失可分为沿程压力损失和局部压力损失。它们与管路中液体的流动状态有关。

2.4.1　液体的流动状态

（1）层流和紊流

19 世纪末,雷诺首先通过实验观察了水在圆管内的流动状况,发现液体有层流和紊流两种流动状态,如图 2.13 所示。层流时,液体质点互不干扰,液体的流动呈线性或层状,并且平行于管道轴线。而紊流时液体质点的运动杂乱无章,除了平行于管道轴线的运动以外,还存在剧烈的径向运动。

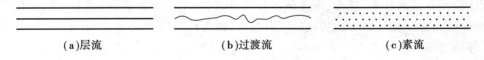

(a)层流　　　　　　(b)过渡流　　　　　　(c)紊流

图 2.13　流动状态示意图

层流和紊流流态性质不同。层流速度较低,质点受黏性制约,不能随意运动,黏性力起主导作用;紊流流速较高,黏性力减弱,惯性力起主导作用。层流或是紊流,可根据雷诺数来判定。

（2）雷诺数

实验表明,决定液体流动状态的雷诺数 Re 是与管道内平均流速 v、液体的运动黏度 ν 和管径 d 有关的无量纲数,即

$$Re = \frac{vd}{\nu} \tag{2.27}$$

液流由层流变为紊流时的雷诺数与紊流变为层流的雷诺数是不相同的,后者较前者数值小,故将后者作为判断液体流动状态的依据,称为临界雷诺数 Re_{cr}。

当液流的雷诺数小于临界雷诺数时,液流为层流;反之,为紊流。常见的液流管道内的临界雷诺数可由实验求得。

对非圆截面管道 Re,可计算为

$$Re = \frac{4vR}{\nu} \tag{2.28}$$

式中　R——通流截面的水力半径,其值等于液流的有效面积 A 和湿周(有效截面的周界长度)χ 之比,即

$$R = \frac{A}{\chi} \tag{2.29}$$

水力半径的大小对管道的通流能力影响很大,水力半径大,液流和管壁的接触周长短,管壁对液流的阻力小,通流能力大。在面积相等但形状不同的所有通流面积中,圆管的水力半径最大。

2.4.2　沿程压力损失

液体在等直径管中流动时,因黏性摩擦产生的压力损失称为沿程压力损失。它主要决定于液体的流速 v、黏度 ν、管路的长度 l 及油管的内径 d。其计算公式为

$$\Delta p_l = \frac{64}{Re} \frac{l}{d} \frac{\rho v^2}{2} = \lambda \frac{l}{d} \frac{\rho v^2}{2} \tag{2.30}$$

式中　λ——沿程阻力系数。

式(2.30)既适用于层流,又适用于紊流,只是选取不同的 λ 值。对等直径圆管层流,理论值 $\lambda = 64/Re$。考虑实际圆管界面可能变形,靠近管壁处的液层可能冷却,黏度增大,使阻力系数增加。在实际计算时,金属管道 $\lambda = 75/Re$,橡胶管道 $\lambda = 80/Re$。对直圆管紊流,λ 值可根据雷诺数 Re、管径 d 和内壁粗糙度等从有关图表中查出。

2.4.3　局部压力损失

液体流经管道的弯头、接头、突变截面及阀口时,由于流速或流向的剧烈变化,形成漩涡、脱流,液体质点之间相互撞击而造成的压力损失,称为局部压力损失。

局部压力损失可计算为

$$\Delta p_\xi = \xi \frac{\rho v^2}{2} \tag{2.31}$$

式中　ξ——局部阻力系数,一般由实验求得,可查阅有关液压传动与设计手册;
　　　　v——液体平均流速,一般情况下均指局部阻力后的流速。

2.4.4　液体在管路中流动总压力损失

液压系统的总压力损失是指所有沿程压力损失和所有局部压力损失之和,即

$$\sum \Delta p = \sum \Delta p_l + \sum \Delta p_\xi$$

或

$$\sum \Delta p = \sum \lambda \frac{l}{d} \frac{\rho v^2}{2} + \sum \xi \frac{\rho v^2}{2} \tag{2.32}$$

式(2.32)适用于两相邻局部障碍之间的距离大于管道内径 10～20 倍的场合,否则计算出来的压力损失小于实际值。因距离局部障碍太近,流动还未充分发展,故液流扰动强烈,阻力系数比正常值高 2～3 倍。

2.5　孔口及缝隙流动特性

在液压传动系统中常遇到油液流经小孔或间隙的情况,如节流调速中的节流小孔、液压元件相对运动表面间的各种间隙等。研究液体流经这些小孔或间隙的流量-压力特性,对研究节流调速性能、计算泄漏都是很重要的。

2.5.1　孔口流动特性

液压传动中,常利用流经液压阀的小孔(称为节流口)来控制流量,以达到调速的目的。液体流经小孔的情况可根据孔口的长径比(通流长度 l 与孔径 d 之比)分为 3 种情况: $l/d \leqslant 0.5$ 时,称为薄壁小孔; $0.5 < l/d \leqslant 4$ 时,称为短孔; $l/d > 4$ 时,称为细长孔。

(1)液体流经薄壁小孔的流量

液体流经薄壁小孔的情况如图 2.14 所示。根据理论分析和实验验证,薄壁小孔的流量 q 为

$$q = C_d A \sqrt{\frac{2\Delta p}{\rho}} \tag{2.33}$$

式中　A——小孔截面积;

　　　C_d——流量系数,一般由实验确定;

　　　Δp——孔前后压差。

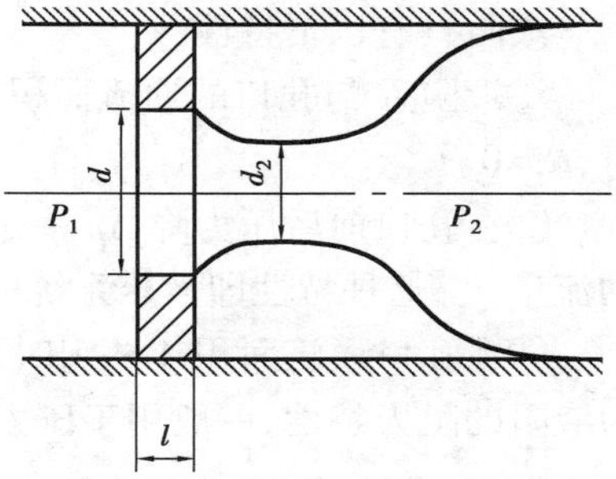

在液流完全收缩的情况下,当 $Re \leqslant 10^5$ 时, $C_d = 0.964 Re^{-0.05}$;当 $Re > 10^5$ 时, C_d 可视为常数,取值为 $C_d = 0.60 \sim 0.62$。当液流为不完全收缩时,其流量系数为 $C_d \approx 0.7 \sim 0.8$。

图 2.14　液体通过薄壁小孔

由式(2.33)可知,通过薄壁小孔的流量与孔口前后的压力差呈非线性关系,与油液的黏度无关,流量不受油温变化的影响。在实际应用中,油液流经薄壁小孔时,流量受温度变化的影响较小,故常用作液压系统的节流元件。

(2)液流流经细长孔和短孔的流量

液体流经细长小孔时,一般都是层流状态,当孔口直径为 d,截面积为 $A = \pi d^2/4$ 时,其流量公式为

$$q = \frac{\pi d^4 \Delta p}{128\mu l} \tag{2.34}$$

由式(2.34)可知,细长小孔的流量与小孔前后的压差 Δp 成正比,与油液的黏度成反比,流量受油温变化的影响较大,实际中常作为阻尼孔。

液流流经短孔的流量仍可用薄壁小孔的流量计算式,其流量系数可在有关液压设计手册中查得。短孔介于细长孔和薄壁孔之间,由于短孔加工比薄壁小孔容易,故常用作固定节流器使用。

(3)液阻

通过孔口的流量与孔口的面积、孔口前后的压力差以及孔口形式决定的特性系数有关。各种孔口的流量压力特性可表示为

$$q = KA\Delta p^m \tag{2.35}$$

式中 m——孔口形状指数,当孔口为薄壁小孔时,$m = 0.5$;当孔口为细长孔时,$m = 1$;孔口为
      短孔时,$0.5 < m < 1$;

      K——孔口的通流系数,当孔口为薄壁孔时,$K = C_d(2/\rho)^{0.5}$;当孔口为细长孔时,$K = d^2/32\mu l$;

      A——节流口的通流截面积。

式(2.35)又称孔口压力-流量方程,它描述了孔口结构形式以及几何尺寸、流经孔口的压力降 Δp 及孔口通流面积 A 之间的关系。类似电工学中电阻的概念,一般定义孔口前后的压力降 Δp 与稳态流量 q 之间的比值为液阻,即在稳态下,它与流量的变化所需要的压力变化成正比,则

$$R = \frac{d(\Delta p)}{dq} = \frac{\Delta p^{1-m}}{K_L Am} \tag{2.36}$$

液阻具有以下特性:

①液阻 R 与孔口的通流面积 A 成反比,A 小,R 大。当 $A = 0$ 时,R 为无限大;当 A 足够大时,$R = 0$。

②在孔口前后压力降 Δp 一定时,调节孔口通流面积 A 可改变液阻 R,从而调节流经孔口的流量 q。这种特性即液压系统的节流调节特性。

③在孔口通流面积 A 一定时,改变流经孔口的流量,孔口压力降 Δp 随之变化。这种特性为液阻的阻力特性,一般用于压力控制阀的内部控制。

④当多个孔口串联时,总液阻 $R = \sum R_i$;当多个液阻并联时,总液阻 $R = \left(\frac{1}{R_1} + \frac{1}{R_2} + \cdots\right)^{-1}$。

2.5.2 缝隙流动特性

液压元件内各零件间要保证相对运动,就必须有适当的间隙。间隙的大小对液压元件的性能影响极大。间隙太小,会使零件卡死;间隙过大,会造成泄漏,使系统效率和传动精度降低,同时还污染环境。

(1)平行平板间隙流动

由间隙两端压力差引起的液体在间隙中的流动,称为压差流动;由间隙的两壁面相对运动造成的流动,称为剪切流动。由于液压元件中,相对运动的零件间间隙很小,一般为几微米到几十微米。因此,油液在间隙中的流动通常为层流。

1)固定平行平板间隙流动(压差流动)

如图2.15所示,平行平板间隙流动的流量为

$$q = \frac{b\delta^3}{12\mu l}\Delta p \tag{2.37}$$

式中 b——平板宽度;

      l——平板间隙长度;

      δ——平板间隙;

      Δp——间隙两端压力差。

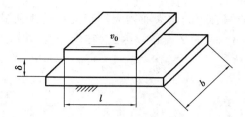

图 2.15　平行平板间隙流动

式(2.37)表明,在压差作用下,通过间隙的流量与间隙 3 次方成正比。因此,必须严格控制间隙,以减小泄漏。

2)有相对运动的平行平板间隙流动

有相对运动的平行平板间隙流动的流量为

$$q = \frac{b\delta^3}{12\mu l}\Delta p \pm \frac{b\delta}{2}v_0 \tag{2.38}$$

式(2.38)右边第一项为压差流量,右边第二项为剪切流量。式(2.38)中,v_0 为两板间相对移动速度。当 v_0 与压差方向一致时,上式右边第二项取"+";反之,取"-"。

(2)圆环形间隙流动

1)同心圆环形间隙

如图 2.16 所示,同心环形间隙流动可近似地看成平行平板间隙流动。因此,通过同心环形间隙的流量为

$$q = \frac{\pi d\delta^3}{12\mu l}\Delta p \pm \frac{\pi d\delta}{2}v_0 \tag{2.39}$$

式中　d——圆环直径,πd 相当于平行平板的间隙宽度。

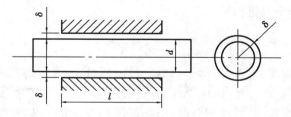

图 2.16　同心圆柱环形缝隙流动

式(2.39)中,"+"和"-"的确定同式(2.38)。

2)偏心圆柱环形间隙

实际上形成的环形间隙的两个圆柱面不可能完全同心,而是有一定偏心量,如图 2.17 所示。通过偏心环形间隙的流量为

$$q = \frac{\pi d\delta^3}{12\mu l}\Delta p(1 + 1.5\varepsilon^2) \pm \frac{\pi d\delta}{2}v_0 \tag{2.40}$$

式中　ε——相对偏心率 $\varepsilon = e/\delta$;

　　e——偏心量;

　　δ——同心时的间隙量。

式(2.40)中,"+"和"-"的确定同式(2.38)。

式(2.40)表明,流经环状间隙(如液压缸与活塞的间隙)的流量不仅与径向间隙量有关,

图 2.17　偏心圆柱环形间隙

而且还随着圆环的内外圆的偏心距的增大而增大。当偏心量达到最大($\varepsilon=1$)时,通过偏心环形间隙的流量是其同心($\varepsilon=0$)时的 2.5 倍。因此,在液压元件中,要尽量使圆柱形零件配合同心,从而减小缝隙泄漏量。

2.6 液压冲击和气穴现象

液压冲击和空穴现象对液压系统危害较大,因此,有必要了解这些现象产生的原因,并采取相应措施予以防治。

2.6.1 液压冲击

在液压系统中,因某些原因使液体压力突然产生很高的峰值,这种现象称为液压冲击。发生液压冲击时,瞬间的压力峰值可比正常的工作压力大好几倍,不仅引起振动和噪声,而且容易损坏密封装置、管道、液压元件,造成设备事故。液压冲击也会使压力继电器、顺序阀等元件产生错误动作。液压冲击多发生在阀门突然关闭或运动部件快速制动时,由于液体的流动突然受阻,液体的动量发生了变化,从而产生压力冲击波。这种冲击波迅速往复传播,最后受液体摩擦力作用而衰减。

一般可采取以下措施减小压力冲击:
①缓慢关闭阀门,削减冲击波的强度。
②在阀门前,设置蓄能器或采用橡胶软管,以吸收液压冲击能量。
③将管中流速限制在适当范围内。
④在系统中设置安全阀进行卸载。

2.6.2 气穴现象

在流动的液体中,如果某点压力低于其空气分离压时,原先溶解在液体中的空气就会分离出来,使液体中充满大量的气泡,该现象称为气穴现象。气穴多发生在阀口和液压泵的入口处,因为阀口处液体的流速增大,压力将降低;如果液压泵吸油管太细,也会造成真空度过大,发生气穴现象。当气泡进入高压部位,气泡在压力作用下破灭,由于该过程时间极短,气泡周围的液体加速向气泡中心冲击,因此,液体质点高速碰撞,产生局部高温,冲击压力高达几百兆帕。在高温高压下,液压油局部氧化、变黑,产生噪声和振动,如果气泡在金属壁面上破灭,会加速金属氧化、剥落,长时间会形成麻点、小坑,称为气蚀现象。

减小气穴现象可采取以下预防措施:
①减小孔口或缝隙前后的压力降,一般建议相应的压力比小于 3.5。
②降低液压泵的吸油高度,适当加大吸油管直径,自吸能力差的液压泵用辅助泵供油。
③管路要有良好的密封,防止空气进入。
④采用抗腐蚀能力强的金属材料,降低零件表面的粗糙度,提高元件的抗气蚀能力。

思考题与习题

2.1　影响液压油黏度的因素有哪些?

2.2　选用液压油时应考虑哪些方面?

2.3　液压油被污染的原因有哪些? 应如何防治?

2.4　什么叫气穴现象? 气穴现象对液压系统有什么危害?

2.5　如图 2.18 所示,液压泵的流量 $q = 32$ L/min,液压泵吸油口距离液面高度 $h = 500$ mm,管径 $d = 1.8$ cm,液压油的密度为 $\rho = 0.9$ g/cm^3,不考虑吸油管的压力损失,求液压泵吸油口的真空度。

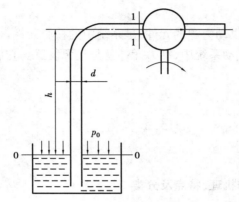

图 2.18　2.5 题图

第**3**章

液压动力元件

动力元件是为系统提供动力源的元件,是系统中的核心元件。在液压系统中,动力元件就是各种形式的液压泵;在气动系统中,动力元件就是气源装置。它们的作用都是将原动机的机械能转换为流体的压力能。

3.1 概 述

3.1.1 液压泵的工作机理、特点及分类

(1)液压泵的基本工作原理

目前,液压系统中常用的液压泵是容积式液压泵。各种容积式液压泵的工作原理基本相同,即依靠液压密封工作腔的容积变化来进行吸油和压油。如图3.1所示为一单柱塞式液压泵工作原理。其中,柱塞2装在缸体3中形成一封闭容积 a,柱塞在弹簧4的作用下紧靠偏心轮1。原动机驱动偏心轮旋转,使柱塞在缸体3内作往复直线运动,封闭容积 a 的大小发生周期性的变化。当柱塞向右运动时,封闭容积 a 由小变大,形成局部真空,油箱中的油液在大气压的作用下,经吸油管顶开单向阀6进入封闭容积 a 中,实现吸油;反之,柱塞向左运动时,封

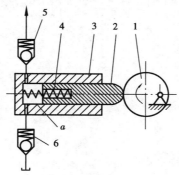

图3.1 液压泵工作原理图

1—偏心轮;2—柱塞;3—缸体;4—弹簧;5,6—单向阀

闭容积 a 由大变小,油液压力升高,此时高压油使单向阀6关闭,并顶开单向阀5实现排油(压油)。如此往复,液压泵将原动机输入的机械能转换成液体的压力能输出,原动机驱动偏心轮连续旋转,液压泵就不断地吸油和排油。

(2)容积式液压泵工作的必要条件

根据以上分析可知,容积式液压泵工作的必要条件如下:

①结构上能实现密封的工作腔。

②工作腔的密闭容积能周期性地增大和减小;密封容积增大时与吸油口相通,减小时与排油口相通。

③吸油口与排油口不能连通(依靠配流装置,见图3.1中的单向阀5,6)。

(3)液压泵的分类

液压泵的分类方法很多。容积式液压泵按其结构形式不同,可分为齿轮泵、叶片泵和柱塞泵3大类;按其每转一周所能输出油液的体积是否可调节,可分为定量泵和变量泵两大类。

3.1.2　液压泵的主要性能参数

(1)压力

1)工作压力

液压泵实际工作时输出液压油的压力,称为工作压力。工作压力的大小取决于外界负载和排油管路上的压力损失。

2)额定压力

液压泵在正常工作条件下,按实验标准规定能连续运转的最高压力,称为液压泵的额定压力。

3)最高允许压力

最高允许压力是指允许液压泵短时间内超载使用的极限压力。它受液压泵本身密封性能和零件强度等因素的限制。

4)吸油压力

吸油压力是指泵吸油口处的压力。

(2)排量和流量

1)排量 V

排量是指在没有泄漏的情况下,液压泵每转一周所能排出油液的体积。排量的大小仅与液压泵的几何尺寸有关。排量可调节的泵,称为变量泵;排量不能调节的泵,称为定量泵。

2)理论流量 q_t

理论流量是指在没有泄漏的情况下单位时间内所输出的油液体积。其大小与泵轴的转速 n 和排量 V 有关,即

$$q_t = Vn \tag{3.1}$$

式中　q_t——理论流量,m^3/s;

　　　V——排量,m^3/r;

　　　n——泵轴的转速,r/s。

3)实际流量 q

实际流量是指液压泵实际工作时在单位时间内实际输出的油液体积。液压泵在运行时,

存在泄漏,并且油液具有一定的可压缩性,最终使得实际流量小于理论流量,即

$$q = q_t - \Delta q \tag{3.2}$$

式中 Δq——流量损失,m^3/s。

4)额定流量 q_s

额定流量是指泵在额定转速和额定压力下工作时输出的流量。因为液压泵存在泄漏,所以额定流量与理论流量的值是不同的。

(3)功率和效率

1)液压泵的功率

液压泵一般由电动机驱动,设输入转矩 T_i 和转速 n(或角速度 ω),输出液体的压力 p 和流量 q,如果不考虑液压泵在能量转换过程中的能量损失,则输出功率等于输入功率,即

$$P = pq = T_i\omega = 2\pi T_i n \tag{3.3}$$

式中 P——液压泵的输出功率;

T_i——液压泵的理论输入转矩;

ω——液压泵泵轴旋转的角速度。

实际上,液压泵在能量的转换过程中是有能量损失的,因此,输出功率小于输入功率,两者之间的差值即为功率损失,功率损失可分为容积损失和机械损失两部分。

液压泵的容积损失用容积效率 η_V 来表示,它等于泵的实际流量 q 与理论流量 q_t 之比,即

$$\eta_V = \frac{q}{q_t} = \frac{q_t - \Delta q}{q_t} = 1 - \frac{\Delta q}{q_t} \tag{3.4}$$

液压泵的实际输出流量为

$$q = q_t\eta_V \tag{3.5}$$

液压泵的输出压力越高,泄漏量越大,则泵的容积效率就越低。

液压泵的机械损失用机械效率 η_m 来表示,它等于液压泵的理论转矩 T_t 与实际输入转矩 T 之比,即

$$\eta_m = \frac{T_t}{T} \tag{3.6}$$

2)液压泵的效率

液压泵的效率是指液压泵的实际输出功率 P_o 与其输入功率 P_i 之比,即

$$\eta = \frac{P_o}{P_i} = \frac{\Delta pq}{T_i\omega} = \eta_V\eta_m \tag{3.7}$$

式中 Δp——液压泵吸、压油口之间的压力差。

液压泵的总效率等于容积效率和机械效率的乘积。

3.2 柱塞泵

柱塞泵是靠柱塞在缸体中作往复运动造成密封容积的变化来实现吸油与压油的液压泵。柱塞泵按柱塞的排列和运动方向不同,可分为径向柱塞泵和轴向柱塞泵两大类。

3.2.1　径向柱塞泵

（1）径向柱塞泵的工作原理

径向柱塞泵是将柱塞沿转子（缸体）径向布置的一种液压泵。径向柱塞泵的工作原理如图 3.2 所示。它由定子 1、转子 2（又称缸体）、配流轴 3、衬套 4 及柱塞 5 等零件组成。5 个柱塞径向排列安装在转子中，转子由原动机带动连同柱塞一起旋转，柱塞在离心力和低压油的作用下抵紧定子的内壁。由于定子和转子之间有偏心距 e，当转子按图示方向回转时，柱塞绕经上半周时向外伸出，柱塞底部的容积逐渐增大，形成局部真空，油液经配流轴（固定不动）的轴向孔 a 进入吸油腔 b，然后通过衬套上的油孔流入柱塞底部，实现吸油过程；当柱塞转到下半周时，定子内壁将柱塞向里推，柱塞底部的容积逐渐减小，油液经衬套上的油孔流到配流轴的压油口 c，再经配流轴的轴向孔排出，实现排油（压油）过程。当转子回转一周时，每个柱塞底部的密封容积完成一次吸、压油。转子连续运转，泵就连续输出压力油。

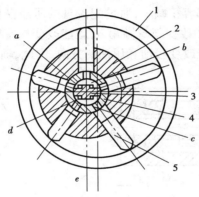

图 3.2　径向柱塞泵工作原理

1—定子；2—转子；3—配流轴；4—衬套；5—栓塞

配流轴固定不动，衬套压紧在转子内，并与转子一起回转，油液从配流轴上半部的两个孔 a 流入，从下半部两个油孔 d 排出。为了进行配流，配流轴在和衬套接触的一段加工出上下两个缺口，形成吸油口 b 和压油口 c，留下的部分形成封油区。

（2）排量和流量计算

当转子和定子之间的偏心距为 e 时，柱塞在缸体中的行程为 $2e$。设柱塞直径为 d，柱塞的个数为 z，则泵的平均排量 V 为

$$V = \frac{\pi}{4}d^2 2ez = \frac{\pi}{2}d^2 ez \tag{3.8}$$

设泵的转速为 n，容积效率为 η_V，则泵的实际输出流量 q 为

$$q = \frac{\pi}{2}d^2 ezn\eta_V \tag{3.9}$$

由式（3.8）可知，改变偏心距 e 的大小，可改变泵的排量，因此，径向柱塞泵可用作变量泵。由于径向柱塞泵中的柱塞在缸体中移动速度是变化的，因此，泵输出的瞬时流量是脉动的，当柱塞较多且为奇数时，流量脉动较小。

3.2.2 轴向柱塞泵

（1）轴向柱塞泵的工作原理

轴向柱塞泵是将多个柱塞沿缸体的轴向布置，并且柱塞中心线和缸体中心线平行或重合的一种泵。轴向柱塞泵有两种形式，即直轴式（斜盘式）和斜轴式（摆缸式）。

1）直轴式轴向柱塞泵

直轴式轴向柱塞泵的工作原理如图3.3所示。泵主体由斜盘1、柱塞2、缸体3、配流盘4及传动轴5组成。柱塞沿周向均匀分布在缸体内，斜盘轴线与缸体轴线倾斜一定角度 α，柱塞在机械装置和压力油作用下压紧在斜盘上，配流盘和斜盘固定不动。当原动机通过传动轴使缸体转动时，由于斜盘的作用，迫使柱塞在缸体内作往复运动，并通过配流盘的配流窗口进行吸油和压油。当缸体按如图3.3所示的旋转方向旋转时，左半部分（见图3.3(b)）柱塞向外伸出，柱塞底部的密封工作容积增大，形成局部真空，通过配流盘的吸油窗口 a 吸油；右半部分柱塞被斜盘推入缸体，使柱塞底部容积减小，通过配流盘的压油窗口 b 压油。缸体每转一周，每个柱塞各完成吸、压油一次。如改变斜盘倾角 α，就能改变柱塞行程的长度，即改变液压泵的排量。改变斜盘倾角方向，就能改变吸油和压油的方向，因此，轴向柱塞泵可用作双向变量泵。

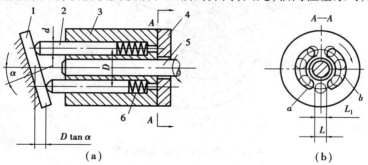

图3.3　直轴式轴向柱塞泵的工作原理

1—斜盘；2—栓塞；3—缸体；4—配流盘；5—转动轴；6—弹簧

配流盘上吸油窗口和压油窗口之间的密封区弧长 L 应稍大于柱塞缸体底部通油孔宽度 L_1。但不能相差太大，否则会产生困油现象。一般在两配流窗口的两端部开有小三角槽，以减小冲击和噪声。

2）斜轴式轴向柱塞泵

斜轴式轴向柱塞泵的工作原理如图3.4所示。它由传动轴1、万向铰链2、柱塞3、缸体4及配流盘5构成。其缸体轴线相对传动轴轴线成一定倾角，传动轴端部分别用万向铰链、连杆与缸体中的每个柱塞相连接。当传动轴转动时，通过万向铰链、连杆使柱塞和缸体一起转动，并迫使柱塞在缸体中作往复运动，借助配流盘进行吸油和压油。同样的，改变倾角，可改变泵的排量，从而改变泵的输出流量。斜轴式轴向柱塞泵的优点是变量范围大，泵的强度较高，但与直轴式相比，其结构较复杂，外形尺寸和质量均较大。

（2）排量和流量计算

如图3.4所示，以斜盘式轴向柱塞泵为例，设柱塞的直径为 d，柱塞分布圆直径为 D，斜盘倾角为 α 时，柱塞的行程为 $s = D\tan\alpha$，故当柱塞数为 z 时，轴向柱塞泵的排量为

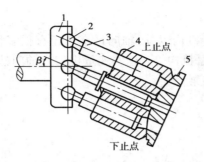

图 3.4　斜轴式轴向柱塞泵的工作原理

1—转动轴;2—万向铰链;3—柱塞;4—缸体;5—配流盘

$$V = \frac{\pi d^2}{4} \cdot D \tan \alpha \cdot z \tag{3.10}$$

设泵的转速为 n,容积效率为 η_V,则泵的实际输出流量为

$$q = V n \eta_V = \frac{\pi d^2}{4} \cdot D \tan \alpha \cdot z \cdot n \cdot \eta_V \tag{3.11}$$

由式(3.11)可知,改变轴向柱塞泵的斜盘(或缸体)的倾角,即可改变轴向柱塞泵的排量和输出流量。

实际上,由于柱塞在缸体孔中运动的速度不是恒速的,因此,输出的瞬时流量是有脉动的。当柱塞数为奇数时,脉动较小,并且柱塞数越多脉动越小,一般常用柱塞泵的柱塞个数为 7,9 或 11。

(3)柱塞泵的变量机构

下面介绍常用的轴向柱塞泵的手动变量和伺服变量机构的工作原理。

1)手动变量机构

如图 3.5 所示,转动手轮 1,使丝杠 2 转动,螺母 3 带动拨叉 4 上下移动,并通过球头杆 5 拨动斜盘 6,从而改变斜盘的倾角 α 达到变量的目的。当流量达到要求时,可用锁紧螺母将其锁紧。这种变量机构结构简单,但操纵费力,并且不能在工作过程中变量。

2)伺服变量机构

如图 3.6 所示为轴向柱塞泵的伺服变量机构。其工作原理是:泵输出的压力油 p 进入变量机构壳体 1 的下腔 a,液压力作用在变量活塞 2 的下端。当与伺服阀阀芯 3 相连接的拉杆不动时(图示状态),变量活塞 2 的上腔 b 处于封闭状态,变量活塞不动,斜盘 4 处于相应的位置上。当使拉杆向下移动时,推动阀芯 3 一起向下移动,a 腔的压力油经通道 c 进入上腔 b。由于变量活塞 2 上端的有效作用面积大于下端的有效作用面积,故变量活塞 2 也随之向下移动,直到通道 c 的油口封闭为止,变量活塞的移动量等于拉杆的位移量。变量活塞向下移动时,通过销轴 5 带动斜盘 4 摆动,斜盘倾斜角 α 增加,泵的输出流量也随之增加;当拉杆带动伺服阀阀芯向上运动时,阀芯 3 将通道 d 打开,上腔 b 通过泄压通道 e 回油箱,变量活塞 2 向上移动,直到阀芯将泄压通道 d 关闭为止,变量活塞的移动量也等于拉杆的移动量。此时,斜盘也被带动作相应的摆动,使倾斜角 α 减小,泵的流量也随之相应地减小。

由上述可知,伺服变量机构是通过操作液压伺服阀动作,利用压力油推动变量活塞继而使斜盘倾角变化来实现变量的。拉杆可用手动方式或机械方式操作,施加在拉杆上的力较小,控制灵敏;斜盘倾角变化范围一般为 ±18°,在工作过程中泵的吸、压油方向可以变换,因此,这种泵可用作双向变量泵。

除了以上介绍的两种变量机构以外,轴向柱塞泵还有很多种变量机构,如恒功率变量机构、恒压变量机构和恒流量变量机构等。这些变量机构与轴向柱塞泵的泵体部分组合就成为各种不同变量方式的轴向柱塞泵。

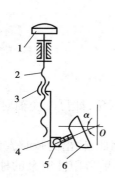

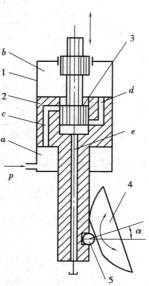

图3.5 手动变置机构	图3.6 伺服变量机构
1—手轮;2—丝杠;3—螺母;	1—壳体;2—变量活塞;
4—拨叉;5—球头杆;6—斜盘	3—伺服阀芯;4—斜盘;5—销轴

3.2.3 柱塞泵的特点及应用

因柱塞泵压力高、结构紧凑、效率高、流量调节方便,故在高压、大流量、大功率及流量需要调节的场合系统中得到广泛的应用,如龙门刨床、拉床、液压机、工程机械、矿山冶金机械及船舶等机械。

3.3 叶片泵

根据各密封工作容积在转子旋转一周吸排油次数的不同,叶片泵可分为单作用叶片泵和双作用叶片泵两类。转子旋转一周完成一次吸排油的,则为单作用叶片泵;完成两次吸排油的,则为双作用叶片泵。

3.3.1 单作用叶片泵

(1)单作用叶片泵的工作原理

单作用叶片泵工作原理如图3.7所示。单作用叶片泵由定子、叶片、转子、配流盘及端盖等组成。定子具有圆柱形内表面,定子和转子间有偏心距,叶片装在转子叶片槽中,并可在槽内滑动。当转子回转时,叶片在离心力的作用下紧靠在定子内壁。这样,在定子、转子、叶片及两侧配流盘间就形成若干个密封容积。当转子按图示的方向回转时,右半部分的叶片逐渐伸出,叶片之间的工作容积逐渐增大,从吸油口吸油;图的左半部分叶片被定子内壁逐渐压入叶片槽内,工作容积逐渐缩小,油液从压油口压出。转子不停地旋转,泵就不断地吸油和排油。

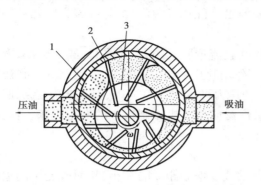

图 3.7　单作用叶片泵的工作原理　　　　图 3.8　单作用叶片泵排

在吸油腔和压油腔之间,有一段封油区,把吸油腔和压油腔隔开。显然,这种叶片泵转子每转一周,每个工作容积完成一次吸油和一次压油,故称单作用叶片泵。

（2）单作用叶片泵的排量和流量计算

单作用叶片泵的排量为各工作容积在转子旋转一周时所排出的液体体积的总和。如图3.8所示,设 R 为定子的内半径,e 为转子与定子之间的偏心距,B 为定子的宽度,z 为叶片的个数,则两个叶片形成的一个工作容积变化量 ΔV 近似地等于扇形体积 V_1 和 V_2 之差,即

$$\Delta V = V_1 - V_2 = \left(\frac{\pi}{z}\right)(R+e)^2 B - \left(\frac{\pi}{z}\right)(R-e)^2 B \tag{3.12}$$

因此,单作用叶片泵的排量为

$$V = Z\Delta V = \pi[(R+e)^2 - (R-e)^2]B = 4\pi eRB \tag{3.13}$$

当泵的转速为 n,泵的容积效率为 η_V 时,泵的理论流量 q_t 和实际流量 q 分别为

$$q_t = nV = 4\pi eRBn \tag{3.14}$$

$$q = nV\eta_V = 4\pi eRBn\eta_V \tag{3.15}$$

在式（3.12）—式（3.14）的计算中,并未考虑叶片的厚度以及叶片的倾角对单作用叶片泵排量和流量的影响。实际上叶片在槽中伸出和缩进时,叶片槽底部也有吸油和压油过程,一般在单作用叶片泵中,处于压油腔和吸油腔的叶片,其底部是分别与压油腔和吸油腔相通的,因而叶片槽底部的吸油和压油恰好补偿了叶片厚度及倾角所占据体积而引起的排量和流量的减小,这就是在计算中不考虑叶片厚度和倾角影响的缘故。

单作用叶片泵的瞬时流量也是有脉动的,理论分析表明,泵内叶片数越多,流量脉动率越小。此外,叶片数为奇数时的脉动率比偶数时的脉动率小,故单作用叶片泵的叶片数均为奇数,常取 $z = 9 \sim 21$。

（3）单作用叶片泵的结构特点及其应用

①转子每转一周,吸油和排油各一次。

②改变定子和转子之间的偏心距 e,即可改变泵的排量,可用作变量泵。

③由于转子受到不平衡的径向液压作用力（吸油侧为低压,压油侧为高压）,轴承负载大,因此,这种泵一般不宜用于高压系统。

④处在压油区的叶片顶部受到压力油的作用,该作用要把叶片推入转子槽内。为了使叶片顶部可靠地和定子内表面相接触,压油腔一侧的叶片底部要通过特殊的沟槽和压油腔相通;吸油区一侧的叶片底部要和吸油腔相通,使叶片仅靠离心力的作用顶在定子内表面上。

⑤为了更有利于叶片在惯性力作用下向外伸出,可使叶片有一个与旋转方向相反的倾斜角,称为后倾角,一般为 $0 \sim 24°$。

叶片泵的结构较复杂,但其工作压力较高,并且流量脉动小,工作平稳,噪声较小,寿命较长。单作用叶片泵工作压力最大为 7.0 MPa,双作用叶片泵均为定量泵,一般最大工作压力也为 7 MPa。结构经改进的高压叶片泵最大的工作压力可达 16 ~ 21 MPa,但其结构复杂,吸油特性不太好,对油液的污染也较敏感。因此,它被广泛应用于机械制造中的专用机床、自动线等中低压系统中。

(4)限压式变量叶片泵的工作原理

限压式变量叶片泵借助输出压力的大小自动改变偏心距 e 的大小,从而改变泵的输出流量。当压力低于某一可调节的限定压力时,泵的输出流量最大;压力高于限定压力时,随着压力增加,泵的输出流量线性地减少。

限压式变量叶片泵工作原理如图3.9所示。它由转子1、定子2、活塞4、流量调节螺钉5、调压弹簧9及调压螺钉10等组成。泵的出口经反馈通道7与活塞腔6相通。泵未运转时,定子2在弹簧9(刚度 k_s、预压缩量为 x_0)的作用下,紧靠活塞4,而活塞4紧靠在流量调节螺钉5上。这时,定子和转子有一最大偏心量 e_{max},此时,泵输出流量最大。调节螺钉5的位置,便可改变 e_{max}。

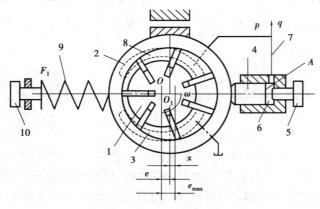

图 3.9　限压式变量叶片泵的工作原理

1—转子;2—定子;3—吸油窗口;4—活塞;5—流量调节螺钉;6—活塞腔;

7—通道;8—压油窗口;9—调压弹簧;10—调压螺钉

当泵的出口压力 p 较低时,则作用在活塞4(有效作用面积为 A)上的液压力 $F(=pA)$ 也较小,若此液压力小于左端弹簧9的弹力($F_t = k_s x_0$),即 $F < F_t$。此时,定子在弹簧力的作用下处于最右端,偏心量为最大 e_{max},输出流量也最大 q_{max}。

当外负载增大,液压泵的出口压力 p 上升,作用在活塞4上的液压力 F 也随之增大。当增大至与弹簧力相等时,达到一个临界平衡状态,则有

$$p_B A = k_s x_0 \tag{3.16}$$

式中,p_B 称为拐点压力,即泵处于最大流量时所能达到的最高压力,调节调压螺钉10,可改变

弹簧的预压缩量 x_0，即可改变的 p_B 大小。

当压力进一步升高，即 $p > p_B$。此时，$pA > k_s x_0$，若不考虑定子移动时的摩擦力，液压作用力就要克服弹簧力推动定子向左移动，此时偏心量减小，泵的输出流量也相应减小。设定子的最大偏心量为 e_{max}，偏心量减小时，弹簧被进一步压缩，压缩量为 x，则定子移动后的偏心量 e 为

$$e = e_{max} - x \tag{3.17}$$

这时，定子上的受力平衡方程为

$$pA = k_s(x_0 + x) \tag{3.18}$$

将式（3.16）、式（3.18）代入式（3.17），可得

$$e = e_{max} - \frac{A}{k_s}(p - p_p) \tag{3.19}$$

式（3.19）表示泵的工作压力与偏心量的关系。由式可知，泵的工作压力越高，偏心量就越小，泵的输出流量也越小，并且当 $p = \dfrac{k_s}{A}(e_{max} + x_0)$ 时，泵的输出流量为零。

控制定子移动的作用力是将液压泵出口的压力油引到柱塞上，通过柱塞把作用力传递给定子，这种控制方式称为外反馈式。

（5）限压式变量叶片泵的特性曲线

限压式变量叶片泵的压力流量特性曲线如图3.10所示。当压力 p 小于预先调定的拐点压力 p_B 时，泵的输出流量为最大 q_{max}，并且保持不变，但由于工作压力增大时，泵的泄漏流量 q_l 也增加，故泵的实际输出流量 q 也略有减少，如图 3.10 所示的 AB 段。当泵的供油工作压力 p 超过预先调整的拐点压力心时，泵的输出流量减小，且压力越高，输出流量越小。其变化规律如图 3.11 所示的 BC 段。当泵的工作压力达到 p_{max}（称为截止压力 p_e）时，泵输出的流量为零，故将其称为限压式变量泵。

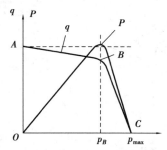

图 3.10　限压式变量叶片泵的特性曲线

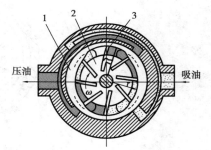

图 3.11　双作用叶片泵的工作原理
1—定子；2—转子；3—叶片

调节最大流量调节螺钉 5（见图 3.9），可改变反馈柱塞的初始位置，即改变初始偏心距 e_{max} 的大小，从而改变泵的最大输出流量，即曲线上下平移。

调节调压螺钉 10（见图 3.9），可改变弹簧的预压缩量大小，从而改变拐点压力 p_B 大小，使曲线拐点 B 左右平移。

改变弹簧的刚度 k_s，可改变曲线 BC 段的斜率。弹簧刚度增大，BC 段的斜率变小，曲线趋于平缓。

3.3.2　双作用叶片泵

（1）双作用叶片泵的工作原理

双作用叶片泵的工作原理如图3.11所示。它也是由定子、转子、叶片及配流盘（图中未画出）等组成。转子和定子中心重合,定子内表面为曲线,该曲线由两段长半径圆弧（R）、两段短半径圆弧（r）和4段过渡曲线所组成。当转子转动时,叶片在离心力和根部压力油的作用下,在转子槽内作径向移动而压向定子内表面;由叶片、定子内表面、转子外表面及两侧配流盘间形成若干个密封容积。当转子按图示方向旋转时,处在短半径圆弧上的密封容积经过渡曲线而运动到长半径圆弧的过程中,叶片向外伸出,密封容积增大,实现吸油;再从长半径圆弧经过渡曲线运动到短半径圆弧的过程中,叶片被定子内壁逐渐压进叶片槽内,密封容积变小,实现排油。因而转子每转一周,每个工作容积要完成两次吸油和压油,故称双作用叶片泵。这种叶片泵由于有两个吸油腔和两个压油腔,并且结构上是对称的,故作用在转子上的油液压力相互平衡,因此,双作用叶片泵又称卸荷式叶片泵。为了使径向力完全平衡,密封容积数（即叶片数）应为偶数。

（2）双作用叶片泵的排量和流量计算

双作用叶片泵的排量计算简图如图3.12所示。转子转一周,两叶片间的容积吸油两次、排油两次。每个密封空间容积变化为 $M = V_1 - V_2$,当叶片数为 z 时,转动一周所有叶片的排量为 $V = 2zM$,若不计叶片几何厚度,此值正好为环形体积的2倍,故泵的排量为

$$V = 2\pi(R^2 - r^2) \tag{3.20}$$

式中　R——长半径圆弧的半径;

r——短半径圆弧的半径;

B——叶片宽度。

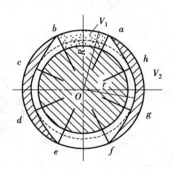

图3.12　双作用叶片泵排量计算简图

一般在双作用叶片泵中,叶片底部全部接通压力油腔,因而叶片在槽中作往复运动时,叶片槽底部的吸油和压油不能补偿由于叶片厚度所造成的排量减小,为此双作用叶片泵当叶片厚度为 b、叶片安放的倾角为 θ 时,其排量的精确计算公式为

$$V = \left[2\pi(R^2 - r^2) - \frac{2(R - r)}{\cos\theta}bz\right]B \tag{3.21}$$

因此,当双作用叶片泵的转速为 n,泵的容积效率为 η_V 时,泵的实际输出流量为

$$q = \left[2\pi(R^2 - r^2) - \frac{2(R - r)}{\cos\theta}bz\right]Bn\eta_V \tag{3.22}$$

双作用叶片泵如不考虑叶片厚度,泵的输出流量是均匀的。但实际叶片是有厚度的,长半径圆弧和短半径圆弧也不可能完全同心,尤其是叶片底部槽与压油腔相通,故泵的输出流量将出现微小的脉动,但其脉动率较其他形式的泵(螺杆泵除外)小得多,并且在叶片数为4的整数倍时最小。因此,双作用叶片泵的叶片数一般为12或16片。

(3)双作用叶片泵的结构特点

1)配流盘

双作用叶片泵的配流盘如图3.13所示。在盘上有两个吸油窗口和两个压油窗口,窗口之间的弧长为封油区,通常应使封油区对应的中心角 α 稍大于或等于两个叶片之间的夹角 α_1,否则会使吸油腔和压油腔联通,造成泄漏。当两个叶片间密封油液从吸油区过渡到封油区(长半径圆弧处)时,其压力基本上与吸油压力相同,但当转子再继续旋转一个微小角度时,该密封腔突然与压油腔相通,使其中油液压力突然升高,油液的体积突然收缩,压油腔中的油倒流进该腔,使液压泵的瞬时流量突然减小,引起液压泵的流量脉动、压力脉动和噪声。因此,在配流盘的压油窗口靠叶片从封油区进入压油区的一侧开有一个截面形状为三角形的三角槽(又称减振槽),使两叶片之间的油液通过该三角槽提前与压油腔相通,其压力逐渐上升,因而缓减了流量和压力脉动,并降低了噪声。环形槽 c 与压油腔相通并与转子叶片槽底部相通,使叶片的底部作用有压力油。

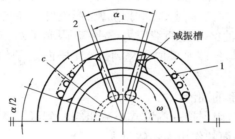

图3.13 配流盘的封油角与减振槽

2)定子内曲线

定子内曲线是由4段圆弧和4段过渡曲线组成的。过渡曲线应保证叶片贴紧在定子内表面上,保证叶片在转子槽中径向运动时速度和加速度的变化均匀,使叶片对定子的内表面的冲击尽可能小。

过渡曲线如采用阿基米德螺旋线,则叶片泵的流量理论上没有脉动,但叶片在大小圆弧和过渡曲线的连接点处产生很大的径向加速度,对定子产生冲击,造成连接点处严重磨损,并发出噪声。在连接点处用小圆弧进行修正,可改善这种情况,在较为新式的液压泵中采用"等加速-等减速"曲线。

3)叶片的倾角

叶片在工作过程中,受离心力和叶片根部压力油的作用,使叶片和定子紧密接触。当叶片转至压油区时,定子内表面迫使叶片进入转子叶片槽内,它的工作情况和凸轮相似。叶片与定子内表面接触有一压力角 φ,并且大小是变化的,其变化规律与叶片径向速度变化规律相同,即从零逐渐增加到最大,又从最大逐渐减小到零,因而在双作用叶片泵中,将叶片顺着转子回转方向前倾一个 θ 角,使压力角减小到 φ',这样就可减小侧向力 F_r,使叶片在槽中移动灵活,并可减少磨损,如图3.14所示。根据双作用叶片泵定子内表面的几何参数,其压力角的最大

值 $\varphi_{max} \approx 24°$，一般取 $\theta = \varphi_{max}/2$。因此，叶片泵叶片的倾角 θ 一般取 $10° \sim 14°$。YB 型叶片泵的叶片相对于转子径向连线前倾 $13°$。

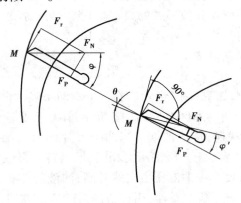

图 3.14　叶片的倾角

4）提高双作用叶片泵压力的措施

转子旋转过程中，为保证叶片在离心力的作用下能可靠地甩出，一般双作用叶片泵的叶片底部通压力油。这就使处于吸油区的叶片顶部和底部的液压作用力不平衡，叶片顶部以很大的压紧力抵在定子吸油区的内表面上，使磨损加剧，影响叶片泵的使用寿命，尤其是工作压力较高时，磨损更严重，故吸油区叶片两端压力不平衡，限制了双作用叶片泵工作压力的提高。因此，在高压叶片泵的结构上必须采取措施，使叶片压向定子的作用力减小。常用的措施如下：

①减小作用在叶片底部的油液压力

将泵的压油腔的油通过阻尼槽或内装式小减压阀通到吸油区的叶片底部，使叶片经过吸油腔时，叶片压向定子内表面的作用力不致过大。

②减小叶片底部承受压力油作用的面积

叶片底部受压面积为叶片的宽度和叶片厚度的乘积。因此，减小叶片的实际受力宽度和厚度，就可减小叶片受压面积。常见结构形式如下：

A. 子母叶片方式

减小叶片实际受力宽度结构如图 3.15（a）所示。这种结构中采用了复合式叶片（也称子母叶片），叶片分成母叶片 3 与子叶片 4 两部分。通过配流盘使 a 腔总是接通压力油，引入母子叶片间的小腔 f 内，而母叶片底部 g 腔，则借助于油孔 6，始终与顶部油液压力相同。这样，无论叶片处在吸油区还是压油区，母叶片顶部和底部的压力油总是基本相等的，当叶片处在吸油腔时，只有 f 腔的高压油作用而压向定子内表面，减小了叶片和定子内表面间的作用力。

B. 阶梯叶片方式

如图 3.15（b）所示为阶梯叶片结构。这里阶梯叶片和阶梯叶片槽之间的油室 d 始终和压力油相通，而叶片的底部 e 腔和叶片所在腔相通。这样，叶片在 d 室内油液压力作用下压向定子表面，因作用面积减小，使其作用力不致太大，但这种结构的工艺性较差。

C. 平衡柱塞方式

如图 3.15（c）所示，在缩短了的叶片底部专设一个小柱塞 5，使叶片外伸的力主要来自作用在这一柱塞底部的排油腔压力内，适当设计该柱塞的作用面积，即可控制叶片在吸油区受到的外推力。

③使叶片顶端和底部的液压作用力平衡

如图 3.15(d)所示的泵采用双叶片结构,叶片槽中由两个可作相对滑动的叶片组成,每个叶片都有一棱边与定子内表面接触,在叶片的顶部形成一个油腔 a,叶片底部油腔 6 始终与压油腔相通,并通过两叶片间的小孔 c 与油腔 a 相通,因此,使叶片顶端和底部的液压作用力得到平衡。适当选择叶片顶部棱边的宽度,可使叶片对定子表面既有一定的压紧力,又不致使该力过大。为了使叶片运动灵活,要求零件具有较高的制造精度。

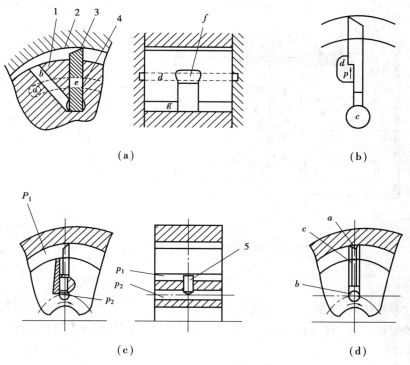

图 3.15 叶片泵高压化措施

1—转子;2—定子;3—母叶片;4—子叶片;5—柱塞

5)双级叶片泵和双联叶片泵

①双级叶片泵

为了要得到较高的工作压力,也可不用高压叶片泵,而用双级叶片泵,双级叶片泵是由两个普通压力的单级叶片泵装在一个泵体内在油路上串接而成的。如果单级泵的压力可达 7.0 MPa,双级泵的工作压力就可达 14.0 MPa。

双级叶片泵的工作原理如图 3.16 所示。两个单级叶片泵的转子装在同一根传动轴上,当传动轴回转时就带动两个转子一起转动。第一级泵经吸油管从油箱吸油,输出的油液就送入第二级泵的吸油口,第二级泵的输出油液经管路向系统输出。

设第一级泵输出压力为 p_1,第二级泵输出压力为 p_2。正常工作时 $p_2 = 2p_1$。但是,因两个泵的定子内壁曲线和宽度等不可能做得完全一样,故两个单级泵每转一周的容量就不可能完全相等。例如,第二级泵每转一周的容量大于第一级泵,第二级泵的吸油压力(也就是第一级泵的输出压力)就要降低,第二级泵前后压力差就加大,故载荷就增大;反之,第一级泵的载荷就增大。为了平衡两个泵的载荷,在泵体内设有载荷平衡阀。第一级泵和第二级泵的输出油路分别经管路 1 和 2 通到平衡阀的大端面和小端面,两端面的面积比 $\dfrac{A_1}{A_2}=2$。如第一级泵的流量大于第二级泵时,油液压力就增大,使 $p_1A_1 > p_2A_2$,平衡阀被向右推,第一级泵的多余油液从管路 1 经阀口流回第一级泵的进油管路,使两个泵的载荷获得平衡;如果第二级泵流量大于第一级泵时,油压 p_1 就降低,使 $p_1A_1 < p_2A_2$,平衡阀被向左推,第二级泵输出的部分油液从管路 2 经阀口流回第二级泵的进油口而获得平衡,如果两个泵的容量绝对相等时,平衡阀两边的阀口都封闭。

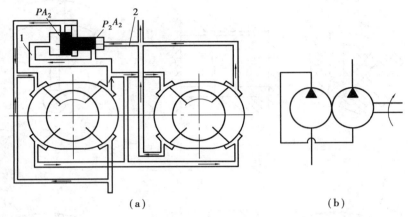

图 3.16 双级叶片泵的工作原理
1,2—管路

②双联叶片泵

双联叶片泵是由两个单级叶片泵装在一个泵体内在油路上并联组成。两个叶片泵的转子由同一传动轴带动旋转,有各自独立的出油口,两个泵可以是相等流量的,也可以是不等流量的。

双联叶片泵常用于有快速进给和工作进给要求的机械加工的专用机床中,这时双联泵由一小流量泵和一大流量泵组成,其流量可经组合切换得到 3 种不同的流量,适用于那些进给及退回速度相差悬殊的加工设备中。当快速进给时,两个泵同时供油(此时压力较低);当工作进给时,由小流量泵供油(此时压力较高),此时,大流量泵处于卸荷状态,这与采用一个高压大流量的泵相比,可节省能源,减少油液发热。

6)叶片泵的性能和应用

双作用定量叶片泵的最高工作压力可达 28～30 MPa,略低于齿轮泵。单作用变量叶片泵的压力一般不超过 17.5 MPa。

叶片泵的排量范围为 0.5～4 200 mL/r,常用排量范围略为 2.5～300 mL/r。常见变量叶片泵产品排量范围为 120 mL/r。

小排量的双作用定量叶片泵的最高转速达 8 000～10 000 r/min,但一般产品只有 1 500～2 000 r/min,一般低于齿轮泵。常用单作用变量泵的最高转速约为 3 000 r/min,但其同时还有最低转速的限制(一般为 600～900 r/min),以保证有足够的离心力可靠地甩出叶片。

双作用定量叶片泵在额定工况下的容积效率可超过 93%～95%,略低于齿轮泵,但前者机械效率较高,故两者的总效率相差无几。

传统上,叶片泵特别是变量叶片泵多用于固定安装的工矿设备和船舶上,但近年来不少行走机械也装用了高压定量叶片泵。各种金属加工机床广泛应用叶片泵作为液压油源,它们的液压系统一般功率不大(20 kW 以下),工作压力中等(常用 2.5 ~ 8 MPa),而要求所使用的液压泵输出流量平稳、噪声低和寿命长,这正符合叶片泵的特点。在工程机械、重型车辆、船用甲板机械、航空航天设备上的应用也日渐增多。它们和内齿轮泵一起将成为今后高性能定量液压泵的主流产品。

3.4　齿轮泵

齿轮泵是液压系统中常见的一种液压泵。它按其结构形式,可分为外啮合齿轮泵和内啮合齿轮泵。

3.4.1　外啮合齿轮泵

(1)外啮合齿轮泵的工作原理

如图 3.17 所示为外啮合齿轮泵的工作原理图。它由壳体 1、一对参数相同的外啮合齿轮 2 和两个端盖(图中未画出)等零件组成。壳体、端盖和齿轮的各个齿间槽组成许多密封容积。当齿轮按图示方向旋转时,右侧相互啮合的轮齿逐渐脱开啮合,密封容积增大,形成局部真空,油箱中的油液在大气压力的作用下进入吸油腔,随着齿轮持续转动,齿间槽把油液带到左侧的压油腔。因左侧压油腔的轮齿逐渐进入啮合,密封容积减小,齿间槽中的油液被挤出,通过泵的压油口输出。其吸油腔和压油腔是由相互啮合的轮齿和两个端盖分别隔开的。因此,在齿轮泵中不需要设专门的配流机构,这是它和其他类型容积式液压泵的不同之处。

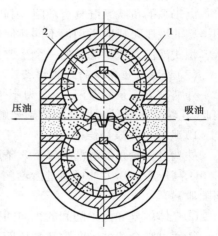

图 3.17　外啮合齿轮泵工作原理
1—壳体;2—齿轮

(2)外啮合齿轮泵的排量和流量

外啮合齿轮泵排量的计算可依据齿轮啮合原理来进行,即排量等于它的两个齿轮的齿间槽容积之和。为计算简便,设齿间槽容积等于轮齿体积,则齿轮泵的排量可近似等于其中一个齿轮的所有轮齿体积,齿间槽容积之和,即以齿轮顶圆为外圆,直径为 $(z-2)m$ 的圆为内圆这样的圆环为底,以齿宽为高所形成的环形筒体积。当齿轮模数为 m、齿数为 z、齿宽为 b,则泵的排量 V 为

$$V = \pi D h_{\mathrm{w}} b = 2\pi z m^2 b \tag{3.23}$$

$$V = \frac{\pi}{4}\left\{\left[(z+2)m\right]^2 - \left[(z-2)m\right]^2\right\}b$$

$$= \frac{\pi}{4}(z^2 m^2 + 4m^2 z + 4m^2 - z^2 m^2 + 4m^2 z - 4m^2)b$$

$$= \frac{\pi}{4} \times 8m^2z \cdot b$$

$$= 2\pi zm^2 b$$

考虑齿间槽容积比轮齿体积稍大,故通常取

$$V = 6.66zm^2b \qquad (3.24)$$

因此,齿轮泵的实际输出流量 q 为

$$q = Vn\eta_V = 6.66zm^2bn\eta_V \qquad (3.25)$$

式中　　η_V——容积效率。

实际上,在齿轮啮合过程中排量是转角的周期函数。换句话说,由于齿轮啮合过程中,随着啮合点位置的不断改变,吸、压油腔的每一瞬时的容积变化率是不均匀的,因此,瞬时流量是脉动的。脉动的大小用脉动率 σ 表示。若用 q_{max},q_{min} 来表示最大、最小瞬时流量,q 表示平均流量,则流量脉动率 σ 为

$$\sigma = \frac{q_{max} - q_{min}}{q}\% \qquad (3.26)$$

外啮合齿轮泵的齿数越少,脉动率越大,其值最高可达 20% 以上。

由于泵的负载系统具有液阻,因此,流量脉动会造成压力脉动,容易产生振动和噪声。不同类型的液压泵或同类型但不同几何尺寸的液压泵,其流量脉动各不相同。流量脉动率是衡量容积式液压泵流量品质的一个重要指标。

（3）外啮合齿轮泵的结构特点

外啮合齿轮泵的泄漏、径向力不平衡和困油是影响齿轮泵性能指标和寿命的三大问题。因此,在结构上必须采取适当措施来解决这些问题。

1）泄漏与间隙补偿措施

外啮合齿轮泵的泄漏有以下 3 条途径:

①高压腔的压力油可通过齿轮侧面和端盖之间的间隙泄漏,称为轴向间隙泄漏（或端面间隙泄漏）。

②壳体内壁和齿顶圆间的径向间隙泄漏,称为径向间隙泄漏（或齿顶间隙泄漏）。

③通过啮合线处的间隙从高压腔泄漏到低压腔中去,称为啮合间隙泄漏（或齿间间隙泄漏）。

其中,轴向间隙泄漏影响最大,占总泄漏量的 75% ~80% 。它是影响齿轮泵容积效率的主要因素。因此,必须采取间隙补偿措施来减小轴向间隙。

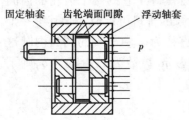

固定轴套　齿轮端面间隙　浮动轴套

图 3.18　端面间隙补偿原理

如图 3.18 所示,轴向间隙补偿的基本原理是把与齿轮端面相接触的轴套和减磨部件制成可沿轴向运动的浮动轴套或浮动侧板,并将压油腔的高压油经专门的通道引入这个可动浮动轴套的背面,使其背面始终作用压力油 p ,从而使浮动轴套始终受到一个与工作压力成比例的压紧力压向齿轮端面,从而保证两者之间的间隙值与工作压力相适应。浮动轴套也可以是能产生一定挠度的弹性侧板。

2）径向力不平衡与补偿措施

齿轮泵中从压油腔到吸油腔的压力随径向位置而不同。可认为从压油腔到吸油腔的压力

是逐级降低的,如图 3.19 所示。其合力相当于给齿轮轴一个径向力,该力使齿轮轴径向力不平衡。工作压力越高,径向不平衡力越大,直接影响轴承的寿命。径向不平衡力很大时,能使轴弯曲、齿顶和壳体产生摩擦。

　　径向不平衡力补偿措施原理如图 3.20 所示。通过在盖板上开设平衡槽 A,B,使 A 与压油腔相通、B 与吸油腔相通,分别产生一个与吸油腔和压油腔对应的液压径向力,起平衡作用。另外,也可采用扩大压油腔(吸油腔)的办法,即只保留靠近吸油腔(压油腔)的 $1\sim2$ 个齿起密封作用,而大部分圆周的压力等于压油腔(吸油腔)的压力,于是对称区域的径向力得到平衡,减少了作用在轴承上的径向力。

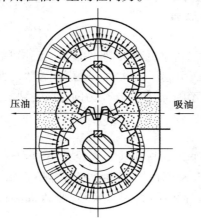 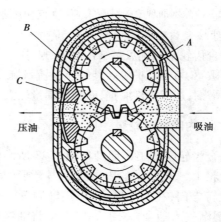

图 3.19　齿轮泵的径向不平衡力　　　　　　图 3.20　径向力不平衡补偿措施

　　需要说明的是,上述两种措施导致齿轮泵径向间隙密封长度缩短,径向间隙泄漏增加,必须采用径向间隙补偿措施,即增加径向间隙补偿部件 C。因此,对高压齿轮泵,平衡液压径向力必须与提高容积效率同时兼顾。

　　3)困油与卸荷措施

　　齿轮泵要平稳地工作,其齿轮啮合的重合度系数(啮合系数)ε 必须大于 1,即前一对轮齿尚未脱离啮合时,后一对轮齿已经进入啮合,如图 3.21 所示。这样,两个啮合点和前后两端盖之间就形成另一封闭容积,这个封闭容积与吸油腔、压油腔均不相通。同时,当齿轮继续旋转时,此封闭腔容积大小会发生变化,使油液受压或产生局部真空,这种现象称为困油现象。如图 3.21 所示,由图 3.21(a)转到图 3.21(b)位置的过程中封闭容积逐渐减小,直到两啮合点 A,B 处于节点两侧的对称位置时(见图 3.21(b)),此时封闭容积减至最小;齿轮继续旋转,封

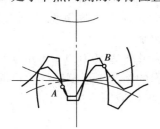 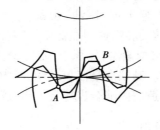 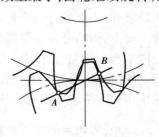

(a)AB间的封闭容积最大　　　　(b)AB间的封闭容积最小　　　　(c)AB间的封闭容积最大

图 3.21　困油现象

闭容积逐渐增大(见图3.21(c))。封闭容积逐渐减小时,被困油液受挤压,产生很高的压力而从缝隙中挤出,使油液发热和轴承等零件受到额外的负载;而封闭容积由小增大时,形成局部真空,使油液中的气体析出,形成气泡,产生气穴,从而使泵产生强烈的振动和噪声。

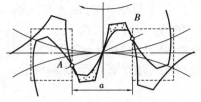

图3.22 消除困油现象的措施

为了消除困油现象,通常在两侧的端盖上开卸荷槽,如图3.22所示的虚线。当封闭容积减小时通过右边的卸荷槽与压油腔接通,避免压力急剧升高;当封闭容积增大时通过左边的卸荷槽与吸油腔接通,避免形成局部真空。左右两个卸荷槽必须保证合适的距离a,确保任何时候都不能使泵的吸油腔和压油腔相互联通。

(4)外啮合齿轮泵的优缺点

外啮合齿轮泵的优点是结构简单、尺寸小、制造方便、价格低廉、自吸性能好、工作可靠、对油液污染不敏感、易于维护等。其缺点是流量脉动大,从而引起压力脉动和噪声都较大。此外,其径向力不平衡,造成机件磨损,间隙泄漏量加大,容积效率降低,使工作压力的提高受到限制。

3.4.2 内啮合齿轮泵

内啮合齿轮泵的工作原理如图3.23所示。其工作原理与外啮合齿轮泵类似。它由一个主动小齿轮1、一个从动的内齿圈2、月牙形的填隙块3及侧板构成两个密封容积。如图3.23所示的旋转方向,在上半区,轮齿逐渐脱开啮合,密封容积扩大,形成负压,吸入油液;在下半区,轮齿逐渐进入啮合,密封容积减小,将油液压出。

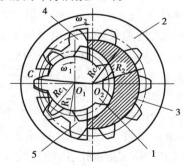

图3.23 内啮合齿轮泵的工作原理
1—小齿轮;2—内齿圈;3—填隙块;4—吸油腔;5—压油腔

由于内啮合齿轮泵的吸、排油区所占的弧长比外齿轮泵要大得多(约3倍),建压和减压过程较缓和,不会像外啮合齿轮泵那样出现"困油"现象,加之齿面相对滑动速度低,因此,在同等工况下,内啮合齿轮泵的流量脉动和噪声明显低于外啮合齿轮泵。

内啮合齿轮泵有许多优点,如结构紧凑,体积小,零件少,转速可高达10 000 r/mim,运转平稳,噪声小,以及容积效率较高等。其缺点是流量脉动大,内齿圈的制造工艺复杂等。目前,通常采用粉末冶金压制成型技术制造。内啮合齿轮泵可正、反转,可作液压马达用。

3.4.3 齿轮泵的主要性能及应用

具有良好的轴向和径向间隙补偿措施的中小排量的齿轮泵,其最高工作压力目前均可超过25 MPa,最高者达32 MPa。大排量齿轮泵的额定压力也可达16～20 MPa。

低压齿轮泵的寿命为 3 000 ~ 5 000 h；高压外啮合齿轮泵在额定压力下的寿命一般只有几百小时；高压内啮合齿轮泵可达 2 000 ~ 3 000 h。

液压工程用的齿轮泵的排量范围很宽，从 0.05 ~ 800 mL/r，常用排量范围为 2.5 ~ 250 mL/r。

微型齿轮泵的最高转速可达 20 000 r/min，常用转速范围为 1 000 ~ 3 000 r/min。值得注意的是，当转速过低时，因实际通过流量过小，容积效率极低，难以形成良好的润滑和冷却条件，导致元件迅速发热损坏，因此，其下限转速一般为 300 ~ 500 r/min。

现有各类液压泵中，齿轮泵的体积小、价格低，因而广泛应用于移动设备和车辆上作为液压工作系统和转向系统的压力油源。另外，由于齿轮泵的转速和排量范围均较大，自吸能力强，成本又低，也常作各种液压系统的辅助泵。但在固定的液压设备领域，由于齿轮泵的流量脉动大、噪声高和寿命有限，很少作为主泵，多用作辅助泵和预压泵。与之相反，内啮合齿轮泵却是噪声最低、综合性能最好的液压泵之一。可以预见，今后内啮合齿轮泵在固定和移动设备中的应用面都将迅速扩大。

3.5　液压泵的选用

液压泵是为液压系统提供一定流量和压力油液的动力元件。它是每个液压系统不可缺少的核心元件。合理地选择液压泵，对降低液压系统的能耗、提高系统的效率、降低噪声、改善工作性能和保证系统的可靠工作都十分重要。

选择液压泵的原则是根据主机工况、功率大小和系统对工作性能的要求，首先确定液压泵的类型，然后按系统所要求的压力、流量大小确定其规格型号。表 3.1 列出了液压系统中常用液压泵的主要性能。

表 3.1　常用液压泵的性能比较

性　能	外啮合齿轮泵	双作用叶片泵	限压式变量叶片泵	径向柱塞泵	轴向柱塞泵
输出压力	低压	中压	中压	高压	高压
流量调节	不能	不能	能	能	能
效率	低	较高	较高	高	高
输出流量脉动	很大	很小	一般	一般	一般
自吸性能	好	较差	较差	差	差
对油污的敏感度	不敏感	较敏感	较敏感	很敏感	很敏感
噪声	大	小	较大	大	大

一般来说，由于各类液压泵有各自突出的特点，其结构、功用和传动方式各不相同。因此，应根据不同的使用场合选择合适的液压泵。一般在机床液压系统中，往往选用双作用叶片泵或限压式变量叶片泵；在筑路机械、港口机械以及小型工程机械中，往往选择抗污染能力较强的齿轮泵；在负载大、功率大的场合，多选择柱塞泵。

思考题与习题

3.1 液压泵完成吸油和压油需具备什么条件？

3.2 液压泵的工作压力取决于什么？泵的工作压力和额定压力有何区别？

3.3 什么是齿轮泵的困油现象？有何危害？应如何解决？

3.4 外啮合齿轮泵的压力提高主要受哪些因素的影响？提高外啮合齿轮泵压力的方法有哪些？

3.5 简述单作用叶片泵的工作原理。

3.6 已知液压泵的额定压力为 p，额定流量为 q，如忽略管路损失，试确定在如图 3.24 所示的各工况下，泵的工作压力 p（压力表）读数各为多少？

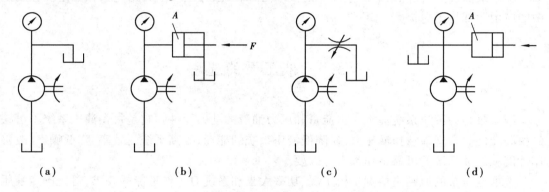

（a）　　　　　　（b）　　　　　　（c）　　　　　　（d）

图 3.24　3.6 题图

第 **4** 章
液压执行元件

液压执行元件可以定为一种能量转换装置,其转换过程与液压泵正好相反,是将系统提供的液压能转变为机械能输出,从而驱动工作机构做功。液压执行元件包括液压马达和液压缸两大类。其中,液压缸实现往复直线运动或摆动,液压马达实现旋转运动。

4.1 液压马达

4.1.1 液压马达的分类和特点

液压马达是把液体的压力能转换为机械能的装置,从理论上讲,液压泵可作液压马达用,液压马达也可作液压泵用。但事实上,同类型的液压泵和液压马达虽然在结构上相似,但由于两者的工作情况不同,使得两者在结构上也有某些差异。液压马达一般需要正反转,因此,在内部结构上应具有对称性,而液压泵一般是单方向旋转的,没有这一要求。为了减小吸油阻力,减小径向力,一般液压泵的吸油口比出油口的尺寸大。而液压马达低压腔的压力稍高于大气压力,故没有上述要求。液压马达要求能在很宽的转速范围内正常工作,因此,应采用液动轴承或静压轴承。因为当马达速度很低时,若采用动压轴承,就不易形成润滑油膜。

叶片泵依靠叶片跟转子一起高速旋转而产生的离心力使叶片始终贴紧定子的内表面,起封油作用,形成工作容积。若将其当马达用,必须在液压马达的叶片根部装上弹簧,以保证叶片始终贴紧定子内表面,以便马达能正常启动。

液压泵在结构上需要保证具有自吸能力,而液压马达就没有这一要求。液压马达必须具有较大的启动扭矩。所谓启动扭矩,就是马达由静止状态启动时,马达轴上所能输出的扭矩,该扭矩通常大于在同一工作压差时处于运行状态下的扭矩,因此,为了使启动扭矩尽可能接近工作状态下的扭矩,要求马达扭矩的脉动小,内部摩擦小。

因液压马达与液压泵具有上述不同的特点,故很多类型的液压马达和液压泵不能互逆使用。

液压马达按其额定转速,可分为高速马达和低速马达两大类。额定转速高于 500 r/min 的属于高速液压马达,额定转速低于 500 r/min 的属于低速液压马达。高速液压马达的基本形式有齿轮式、螺杆式、叶片式及柱塞式等。它们的主要特点是转速较高,转动惯量小,便于启动和制动,调速和换向的灵敏度高。通常高速液压马达的输出转矩不大(仅几十牛·米到几百牛·米),故称高速小转矩液压马达。低速液压马达的主要特点是排量大、体积大、转速低(有时可达每分钟几转甚至零点几转),因此,可直接与工作机构联接,不需要减速装置,使传动机构大为简化。通常低速液压马达输出转矩较大(可达几千牛·米到几万牛·米),故称低速大转矩液压马达。

液压马达按其结构类型,可分为齿轮式、叶片式、柱塞式及其他形式。

4.1.2　液压马达的主要性能参数

液压马达的性能参数很多,下面介绍液压马达的主要性能参数。

(1)液压马达的容积效率和转速

在液压马达的各项性能参数中,压力、排量和流量等参数与液压泵同类参数有相似的含义,主要差别在于:在泵中,它们是输出参数;在马达中,则是输入参数。

在不考虑泄漏的情况下,液压马达每转所需要输入的液体体积,称为液压马达的排量 V_M。在不考虑泄漏的情况下,单位时间所需输入的液体体积,称为液压马达的理论流量 q_{tM},即真正转换成输出转速所需的流量,则

$$q_{tM} = V_M \cdot n_M \tag{4.1}$$

但因液压马达存在泄漏,故实际所需流量应大于理论流量。设液压马达的泄漏量为 Δq,则实际供给液压马达的流量为

$$q_M = q_{tM} + \Delta q \tag{4.2}$$

液压马达的容积效率为理论流量 q_{tM} 与实际流量 q_M 之比,即

$$\eta_{VM} = \frac{q_{tM}}{q_M} \tag{4.3}$$

衡量液压马达转速性能好坏的一个重要指标是最低稳定转速,即液压马达在额定负载下不出现爬行(抖动或时转时停)现象的最低转速。在实际工作中,一般都希望最低稳定转速越小越好,这样就可扩大马达的变速范围。

(2)液压马达的机械效率和转矩

因液压马达存在摩擦损失,液压马达输出的实际转矩 T_M 小于理论转矩 T_{tM}。设由摩擦造成的转矩损失为 ΔT_M,则

$$T_M = T_{tM} - \Delta T_M \tag{4.4}$$

液压马达的机械效率 η_{mM} 为实际输出转矩 T_M 与理论转矩 T_{tM} 的比值,即

$$\eta_{mM} = \frac{T_M}{T_{tM}} \tag{4.5}$$

(3)液压马达的总效率 η_M

液压马达的总效率 η_M 为液压马达的输出功率与液压马达的输入功率 P_{iM} 之比,即

$$\eta_M = \frac{P_{OM}}{P_{iM}} = \eta_{VM} \cdot \eta_{mM} \tag{4.6}$$

由式(4.6)可知,液压马达的总效率等于液压马达的容积效率与液压马达的机械效率的乘积。

4.1.3　液压马达的结构和工作原理

常用液压马达的结构与同类型的液压泵的结构很相似,下面介绍叶片马达、轴向柱塞马达和摆动马达的工作原理。

（1）叶片马达

如图4.1所示为叶片液压马达的工作原理图。当压力为p的油液从进油口进入叶片1和3之间时,叶片2因两面均受液压油的作用,故不产生转矩;叶片1,3上,一面作用有压力油,另一面为低压油。由于叶片3伸出的面积大于叶片1伸出的面积,因此,作用于叶片3上的总液压力大于作用于叶片1上的总液压力,于是压力差使转子产生顺时针的转矩。同理,压力油进入叶片5和7之间时,叶片7伸出的面积大于叶片5伸出的面积,也产生顺时针转矩。这样,就把油液的压力能转变成了机械能。这就是叶片马达的工作原理。当进油方向改变时,液压马达就反转。当定子的长短径差值越大,转子的直径越大,以及输入的压力越高时,叶片马达输出的转矩也越大。

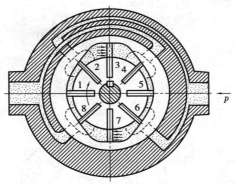

图4.1　叶片液压马达的工作原理图

1,2,3,4,5,6,7,8—叶片

叶片马达的体积小,转动惯量小,故动作灵敏,可适应较高频率的换向;但泄漏较大,不能在很低的转速下工作。因此,叶片马达一般用于转速高、转矩小和动作灵敏的场合。

（2）轴向柱塞马达

轴向柱塞马达的结构形式基本上与轴向柱塞泵一样,故其种类与轴向柱塞泵相同。它也分为直轴式轴向柱塞马达和斜轴式轴向柱塞马达两类。

轴向柱塞马达的工作原理如图4.2所示。当压力油进入液压马达的高压腔之后,压力油对工作柱塞产生的作用力使工作柱塞通过滑靴压向斜盘,工作柱塞受反作用N。将N力分解成两个分力:一个分力是沿柱塞的轴向分力p,与柱塞所受液压力平衡;另一分力F,与柱塞轴线垂直向上,它与缸体中心线的距离为r,靠这个力产生驱动马达旋转的转矩。这个F力使缸体产生转矩的大小,由柱塞在压油区所处的位置而定。设有一柱塞与缸体的垂直中心线成φ角,随着角度φ的变化,柱塞产生的转矩也随之变化。整个液压马达能产生的总转矩,是所有处于压力油区的柱塞产生的转矩之和。因此,总转矩也是脉动的。经试验发现,当柱塞的数目较多且为单数时,脉动较小。当输入液压马达的油液压力一定时,液压马达的输出转矩仅与每转排量有关。因此,提高液压马达的每转排量,可增加液压马达的输出转矩。

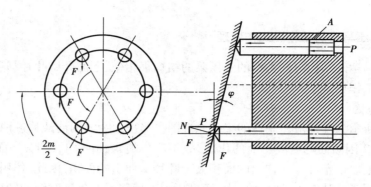

图 4.2 斜盘式轴向柱塞马达的工作原理图

一般来说,轴向柱塞马达都是高速马达,输出转矩小。因此,必须通过减速器来带动工作机构。如果能使液压马达的排量显著增大,也就可使轴向柱塞马达做成低速大转矩马达。

(3)摆动马达

摆动液压马达的工作原理如图4.3所示。

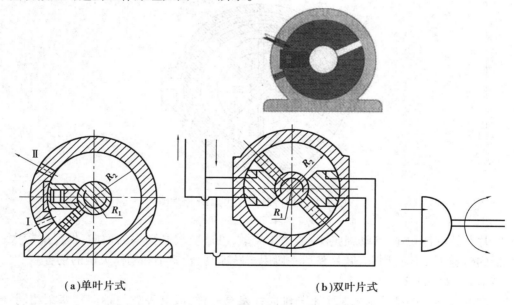

(a)单叶片式   (b)双叶片式

图 4.3 摆动缸摆动液压马达的工作原理

如图4.3(a)所示为单叶片摆动马达。若从油口Ⅰ通入高压油,叶片作逆时针摆动,低压力从油口Ⅱ排出。因叶片与输出轴连在一起,带动输出轴摆动,同时克服负载输出转矩。此类摆动马达的工作压力小于10 MPa,摆动角度小于280°。因径向力不平衡,故叶片和壳体、叶片和挡块之间密封困难,限制了其工作压力的进一步提高,从而也限制了输出转矩的进一步提高。

如图4.3(b)所示为双叶片式摆动马达。在径向尺寸和工作压力相同的条件下,其输出转矩是单叶片式摆动马达输出转矩的2倍,但回转角度要相应减小。双叶片式摆动马达的回转角度一般小于120°。

4.1.4　液压马达的选用

由于液压马达和液压泵在结构上很相似,因此,液压泵的选用原则也适用于液压马达。一般来说,齿轮马达的结构简单、价格便宜,常用于负载转矩不大、速度平稳性要求不高的场合,如研磨机、风扇等;叶片马达具有转动惯量小、动作灵敏等优点,但容积效率不高、机械特性软,适用于中高速、负载转矩不大,以及要求频繁启动和换向的场合,如磨床工作台和机床操作系统等;轴向柱塞马达具有容积效率高、调速范围大和低速稳定性好等优点,适用于负载转矩较小、有变速要求的场合,如起重机械、内燃机车和数控机床等。

4.2　液　压　缸

液压缸是将压力能转变成机械能,输出直线运动的执行元件。根据其结构特点,可分为活塞式液压缸和柱塞式液压缸。根据其作用方式不同可分为单作用式液压缸和双作用式液压缸。单作用式液压缸只有一个方向的运动由液压力推动,而反向运动靠外力(弹簧力、重力等)实现;双作用液压缸则往返两个方向的运动都是利用液压力推动的。

4.2.1　双活塞杆液压缸

双活塞杆液压缸(又称双杆活塞缸)的活塞两侧都有一根活塞杆伸出。根据安装方式不同,可分为活塞杆固定式和缸筒固定式两种。如图 4.4(a)所示为缸筒固定式双杆活塞缸。它的进出油口位于缸筒两端。活塞通过活塞杆带动工作台移动,工作台移动范围等于活塞有效行程的 3 倍,占地面积大,故适用于小型机床。如图 4.4(b)所示为活塞杆固定式。缸筒与工作台相联,活塞杆通过支架固定在机床上。此种安装形式,工作台的移动范围等于活塞有效行程的 2 倍,故占地面积较小,常用于大中型设备中。

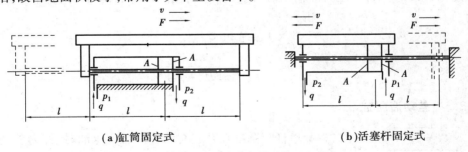

(a)缸筒固定式　　　　　　　　　(b)活塞杆固定式

图 4.4　双活塞杆液压缸的固定方式

因双杆活塞缸两端活塞杆直径相等,故左右两腔有效面积相等。分别向左右腔输入相同压力和流量的液压油时,液压缸左右两个方向上输出的推力 F 和速度 v 相等。其表达式为

$$F = A(p_1 - p_2) = \frac{\pi}{4} \cdot (D^2 - d^2) \cdot (p_1 - p_2) \tag{4.7}$$

$$v = \frac{q}{A} = \frac{4q}{\pi(D^2 - d^2)} \tag{4.8}$$

式中　A——活塞的有效工作面积;

D——活塞直径；

d——活塞杆直径；

q——输入液压缸的流量；

p_1——进油腔压力；

p_2——回油腔压力。

4.2.2 单杆式活塞缸

如图 4.5 所示，活塞只有一端带活塞杆。单杆液压缸也有缸体固定和活塞杆固定两种安装形式。但它们的工作台移动范围都是活塞有效行程的 2 倍。

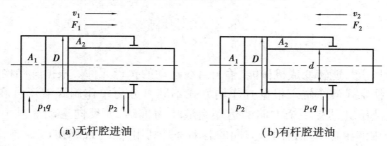

（a）无杆腔进油　　　　　　　　（b）有杆腔进油

图 4.5　单活塞杆式液压缸

因液压缸两腔的有效工作面积不等，故分别向左右腔输入相同压力和流量的液压油时，在两个方向上输出的推力和速度也不等。如图 4.5（a）所示，当压力油进入无杆腔时，活塞上所产生的推力 F_1 和速度 v_1 分别为

$$F_1 = p_1 A_1 - p_2 A_2 \tag{4.9}$$

$$v_1 = \frac{q}{A_1} = \frac{4q}{\pi D^2} \tag{4.10}$$

如图 4.5（b）所示，当压力油输入有杆腔时，作用在活塞上的推力 F_2 和活塞运动速度 v_2 分别为

$$F_2 = p_1 A_2 - p_2 A_1 \tag{4.11}$$

$$v_2 = \frac{q}{A_2} = \frac{4q}{\pi(D^2 - d^2)} \tag{4.12}$$

4.2.3 差动液压缸

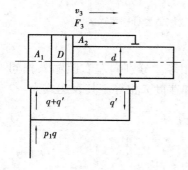

图 4.6　差动液压缸

单杆活塞缸在其左右两腔都通高压油时，称为差动连接，如图 4.6 所示。

差动液压缸左右两腔的油液压力相同，但由于左腔（无杆腔）的有效面积大于右腔（有杆腔）的有效面积，活塞向右运动。同时，右腔中排出的油液（流量为 q'）也进入左腔，因此，实际进入左腔的流量较大（$q + q'$），从而加快了活塞运动的速度，实现快速运动。

差动连接时活塞的推力 F_3 和速度 v_3 为

$$F_3 = p_1 (A_1 - A_2) = \frac{\pi}{4 \cdot p_1 d^2} \tag{4.13}$$

$$v_3 = \frac{q + q'}{A_1} \tag{4.14}$$

$$q' = v_3 A_2 \tag{4.15}$$

将式(4.15)代入式(4.14),得

$$v_3 = \frac{4q}{\pi d^2} \tag{4.16}$$

由此可知,差动连接时液压缸的推力比非差动连接时小,但速度比非差动连接时大。利用差动连接,可在不加大系统流量的情况下,得到较快的运动速度。这种连接方式被广泛应用于组合机床的液压动力系统和其他机械设备的快速运动中。

4.2.4　活塞式液压缸的典型结构举例

(1)双作用单活塞杆液压缸

如图 4.7 所示为一个较常用的双作用单活塞杆液压缸。它由缸底 1、缸筒 11、缸盖 15、活塞 8、活塞杆 12、导向套 13 和密封装置等零件组成。缸筒一端与缸底焊接,另一端缸盖与缸筒用螺钉联接,以便拆装检修,两端设有油口 A 和 B。活塞 8 与活塞杆 12 利用半环 5、挡环 4 和弹簧卡圈 3 组成的半环式结构联在一起。活塞与缸孔的密封采用的是一对 Y 形聚氨酯密封圈 6,由于活塞与缸孔有一定间隙,采用由尼龙材料制成的耐磨环(又称支承环)9 定心导向。活塞杆 12 和活塞 8 的内孔由 O 形密封圈 10 密封。较长的导向套 13 则可保证活塞杆不偏离中心,导向套外径 7 由 O 形圈 14 密封,而其内孔则由 Y 形密封圈 16 和防尘圈 19 分别防止油液外泄和灰尘侵入缸内。液压缸通过活塞杆端销孔与外界联接,销孔内有尼龙衬套抗磨。

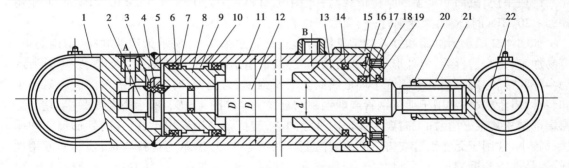

图 4.7　双作用单活塞杆液压缸

1—缸底;2—缓冲柱塞;3—弹簧卡圈;4—挡环;5—半环;

6,10,14,16—密封圈;7—挡圈;8—活塞;9—支承环;11—缸筒;12—活塞杆;13—导向套;

15—缸盖;17—挡圈;18—锁紧螺钉;19—防尘圈;20—锁紧螺母;21—耳环;22—耳环衬套圈

(2)空心双活塞杆式液压缸

如图 4.8 所示为一空心双活塞杆式液压缸的结构。液压缸的左右两腔是通过油口 b 和 d 经活塞杆 1 和 15 的中心孔与左右径向孔 a 和 c 相通的。由于活塞杆固定在床身上,缸体 10 固定在工作台上。因此,当径向孔 c 接通压力油、径向孔 a 接通回油时,工作台向右移动;反之,则向左移动。在这里,缸盖 18 和 24 是通过螺钉(图中未画出)与压板 11 和 20 相联,并经钢丝环相联,左缸盖 24 空套在托架 3 的孔内,可自由伸缩。空心活塞杆的一端用堵头 2 堵死,并通过锥销 9 和 22 与活塞 8 相联。缸筒相对于活塞运动由左右两个导向套 6 和 19 导向。活塞与缸筒之间、缸盖与活塞杆之间以及缸盖与缸筒之间分别用 O 形密封圈 7、V 形密封圈 4 和 17 以及纸垫 13 和 23 进行密封,以防止油液的内外泄漏。缸筒在接近左右的行程终端时,径向孔 a 和 c 的开口逐渐减小,对移动部件起制动缓冲作用。为了排除液压缸中余留的空气,缸盖上设置有排气孔 5 和 14,经导向套环槽的侧面孔道(图中未画出)引出与排气阀相通。

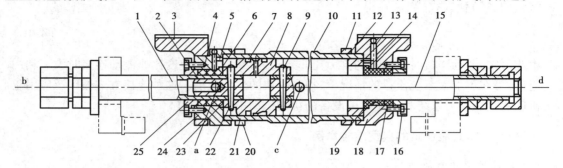

图 4.8 空心双活塞杆式液压缸的结构

1,15—活塞杆;2—堵头;3—托架;4,17—V 形密封圈;5,14—排气孔;
6,19—导向套;7—O 形密封圈;8—活塞;9,22—锥销;10—缸体;11,20—压板;
12,21—钢丝环;13,23—纸垫;16,25—压盖;18,24—缸盖

4.2.5 液压缸的典型结构

液压缸的结构可分为缸筒和缸盖、活塞组件、密封装置、缓冲装置及排气装置 5 部分。

(1)缸筒和缸盖

一般来说,缸筒和缸盖的结构形式与其使用的材料有关。工作压力 $p < 10$ MPa 时,使用铸铁;$p < 20$ MPa 时,使用无缝钢管;$p > 20$ MPa 时,使用铸钢或锻钢。

如图 4.9 所示为缸筒和缸盖的常见结构形式。如图 4.9(a)所示为法兰联接,结构简单,容易加工,也容易拆装,但外形尺寸和质量都较大,常用于铸铁制的缸筒上。如图 4.9(b)所示为半环联接,它的缸筒外壁因开了环形槽而削弱了强度,为此,有时要加厚缸壁。它容易加工和装拆,质量较小,常用于无缝钢管或锻钢制的缸筒上。如图 4.9(c)所示为螺纹联接,它的缸筒端部结构复杂,外径加工时要求保证内外径同心,装拆要使用专用工具,它的外形尺寸和质量都较小,常用于无缝钢管或铸钢制的缸筒上。如图 4.9(d)所示为拉杆联接,该结构通用性强,容易加工和拆装,但外形尺寸较大,且较重。如图 4.9(e)所示为焊接联接,其结构简单,尺寸小,但缸底处内径不易加工,且可能引起变形。

(2)活塞与活塞杆

可将短行程液压缸的活塞杆与活塞做成一体,这是最简单的形式。但当行程较长时,这种整体式活塞组件的加工较费事,故常把活塞与活塞杆分开制造,然后联接成一体。如图 4.10 所示为常见的活塞与活塞杆的联接形式。

如图 4.10(a)所示为活塞与活塞杆之间采用螺母联接,它适用负载较小,受力无冲击的液压缸中。螺纹联接虽然结构简单,安装方便、可靠,但在活塞杆上车螺纹会削弱其强度。如图 4.10(b)、(c)所示为半环式联接。如图 4.10(b)所示的活塞杆 5 上开有一个环形槽,槽内装有两个半环 3 以夹紧活塞 4,半环 3 由轴套 2 套住,而轴套 2 的轴向位置用弹簧卡圈固定。如

图 4.10(c)所示的活塞杆使用了两个半环 4,它们分别由两个密封圈座 2 套住,半圆形的活塞 3 安装在密封圈座的中间。半环联接一般用在高压大负荷的场合,特别是当工作设备有较大振动的情况下。如图 4.10(d)所示为一种径向锥销式联接结构,用锥销 1 把活塞 2 固联在活塞杆 3 上。这种联接方式特别适用于双出杆式活塞,对轻载的磨床更为适宜。

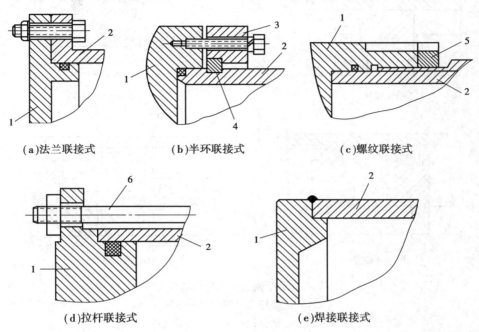

(a)法兰联接式　　　　　(b)半环联接式　　　　　(c)螺纹联接式

(d)拉杆联接式　　　　　　　　　　(e)焊接联接式

图 4.9　缸筒和缸盖结构

1—缸盖;2—缸筒;3—压板;4—半环;5—防松螺母;6—拉杆

(3)密封装置

液压缸高压腔中的油液向低压腔泄漏,称为内泄漏;液压缸中的油液向外部泄漏,称为外泄漏。由于液压缸存在内泄漏和外泄漏,使得液压缸的容积效率降低,从而影响液压缸的工作性能,严重时使系统压力上不去,甚至无法工作;同时,外泄漏还会污染环境。因此,为了防止泄漏的产生,液压缸中需要密封的地方必须采取相应的密封措施。液压缸中需要密封的部位有活塞、活塞杆和端盖等处。

设计和选用密封装置的基本要求是:密封装置应具有良好的密封性能,并随压力的增加能自动提高;动密封处运动阻力要小;密封装置要耐油抗腐蚀、耐磨、寿命长、制造简单、拆装方便。常用的密封装置如图 4.11 所示。

1)间隙密封

如图 4.11(a)所示,它依靠两运动件配合面间保持一很小的间隙,使其产生液体摩擦阻力来防止泄漏。为了提高这种装置的密封能力,常在活塞的表面上制出几条细小的环形槽,其尺寸为 0.5 mm×0.5 mm,槽间距为 3~4 mm,这些环形槽有两个作用:一是提高间隙密封的效果,当油液从高压腔向低压腔泄漏时,因油路截面突然改变,故在小槽中形成旋涡而产生阻力,于是使油液的泄漏量减少;二是阻止活塞轴向偏移,从而有利于保持配合间隙,保证润滑效果,减少活塞与缸壁的磨损,增强间隙密封性能。间隙密封的结构简单,摩擦阻力小,可耐高温,但泄漏大,加工要求高,磨损后无法恢复原有能力,只有在尺寸较小、压力较低、相对运动速度较高的缸筒和活塞之间使用。

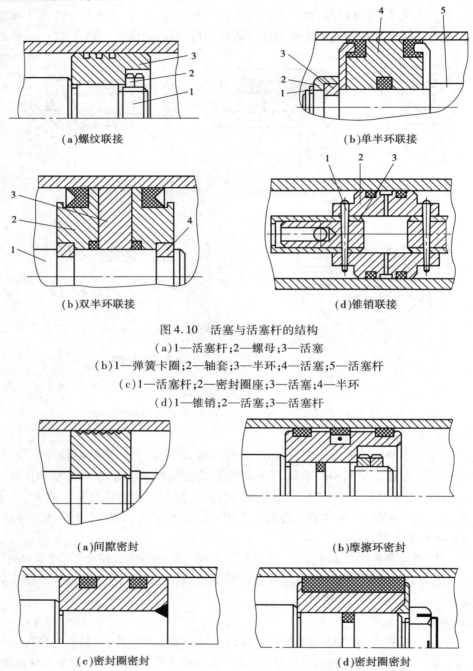

(a)螺纹联接

(b)单半环联接

(b)双半环联接

(d)锥销联接

图 4.10　活塞与活塞杆的结构

(a)1—活塞杆;2—螺母;3—活塞

(b)1—弹簧卡圈;2—轴套;3—半环;4—活塞;5—活塞杆

(c)1—活塞杆;2—密封圈座;3—活塞;4—半环

(d)1—锥销;2—活塞;3—活塞杆

(a)间隙密封

(b)摩擦环密封

(c)密封圈密封

(d)密封圈密封

图 4.11　密封装置

2)摩擦环密封

如图 4.11(b)所示,它依靠套在活塞上的摩擦环(尼龙或其他高分子材料制成)在 O 形密封圈的弹力作用下贴紧缸壁而防止泄漏。这种材料密封效果较好,摩擦阻力较小且稳定,可耐高温,磨损后有自动补偿能力,但加工要求高,拆装不方便,适用于缸筒和活塞之间的密封。

3)密封圈(O 形圈、Y 形圈、V 形圈等)密封

如图 4.11(c)、(d)所示为密封圈密封。它利用橡胶或塑料的弹性使各种截面的环形圈贴紧在静动配合面之间来防止泄漏。其结构简单、制造方便,磨损后有自动补偿能力,性能可靠,在缸筒和活塞之间、缸盖和活塞杆之间、活塞和活塞杆之间、缸筒和缸盖之间均可使用。

4)防尘圈

对于活塞杆外伸部分来说,由于它很容易把粉尘或杂质带入液压缸,使油液受污染,使密封件磨损,因此,常需在活塞杆密封处增添防尘圈,并安装在向着活塞杆外伸的一端,如图 4.7所示。

(4)缓冲装置

液压缸一般都设有缓冲装置,特别是对大型、高速或要求高的液压缸,为了防止活塞在行程终点时和缸盖相互撞击,引起噪声、冲击,则必须设置缓冲装置。

缓冲装置的工作原理是利用活塞或缸筒在其走向行程终端时封住活塞和缸盖之间的部分油液,强迫它从小孔或细缝中挤出,以产生很大的阻力,使工作部件受到制动,逐渐减慢运动速度,达到避免活塞和缸盖相互撞击的目的。常见缓冲装置的结构有环状间隙式、节流口面积可变式和节流口面积可调式等,如图 4.12 所示。

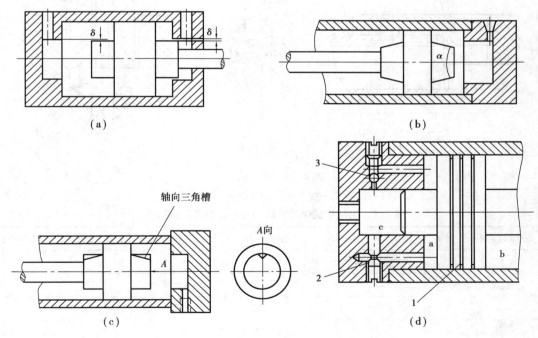

图 4.12　液压缸的缓冲装置
1—活塞;2—节流阀;3—单向阀

1)环状间隙式

如图 4.12(a)、(b)所示,当缓冲柱塞进入与其相配的缸盖上的内孔时,孔中的液压油只能通过间隙 5 排出,使活塞速度降低。如图 4.12(b)所示,活塞设计成锥形,使间隙逐渐减小,从而使阻力逐渐增大,缓冲效果更好。

2）节流口面积可变式

如图4.12（c）所示，在缓冲柱塞上开有三角槽，随着柱塞逐渐进入配合孔中，其节流面积越来越小，使活塞运动速度逐渐减慢而实现制动缓冲作用。

3）节流口面积可调式

如图4.12（d）所示，在端盖上装有节流阀，当缓冲凸台进入凹腔c后，活塞与端盖（a腔）间的油液经节流阀2的开口流入c腔而排出，于是回油阻力增大，形成缓冲液压阻力，使活塞运动速度减慢，实现制动缓冲。节流阀2的开口可根据负载情况调节，从而改变缓冲的速度。当活塞1反向运动时，压力油由c腔经单向阀3进入a腔，使活塞迅速启动。

（5）排气装置

液压缸在安装过程中或长时间停放后重新工作时，液压缸里和管道系统中会渗入空气，为了防止执行元件出现爬行、噪声和发热等不正常现象，需把缸中和系统中的空气排出。一般可在液压缸的最高处设置进出油口把空气带走，也可在最高处设置如图4.13（a）所示的排气孔或专门的排气阀，如图4.13（b）、（c）所示。工程机械中液压缸的基本参数及连接形式见表4.1。

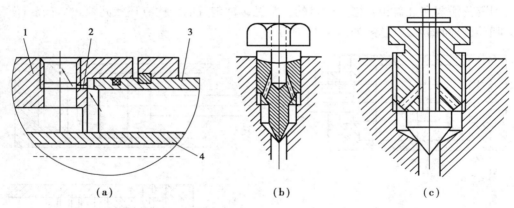

图4.13　放气装置

1—缸盖；2—放气小孔；3—缸体；4—活塞杆

表4.1　工程机械中液压缸的基本参数及联接形式

液压缸内径 D/mm	40　50　63　80	100　110　125	140　160　180　200　220　250
缸盖联接形式	外螺纹联接		
		法兰联接	
		内卡环联接	
速率比		1.33　1.46　2	1.46　2
行程 L/mm		$(8 \sim 12)D$	

4.2.6　活塞式液压缸的常见故障及排除方法

液压缸常见故障及排除方法见表4.2。

表 4.2　液压缸常见的故障及排除方法

故障现象	原因分析	排除方法
爬行	1. 混入空气 2. 运动密封件装配过紧 3. 活塞杆与活塞不同轴 4. 导向套与缸筒不同轴 5. 活塞杆弯曲 6. 液压缸安装不良,其中心线与导轨不平行 7. 缸筒内径圆柱度超差 8. 缸筒内孔锈蚀、拉毛 9. 活塞杆两端螺母拧得过紧,使同轴度降低 10. 活塞杆刚度差 11. 液压缸运动件之间间隙过大 12. 导轨润滑不良	1. 排除空气 2. 调整密封圈,使之松紧适当 3. 校正、修整或更换 4. 修正调整 5. 校直活塞杆 6. 重新安装 7. 镗磨修复,重配活塞或增加密封件 8. 除去锈蚀、毛刺或重新镗磨 9. 调整螺母的松紧度,使活塞杆处于自然状态 10. 加大活塞杆直径 11. 减小配合间隙 12. 保持良好润滑
冲击	1. 缓冲间隙过大 2. 缓冲装置中的单向阀失灵	1. 减小缓冲间隙 2. 修理或更换单向阀
推力不足或工作速度下降	1. 缸体和活塞的配合间隙过大,或密封件损坏,造成内泄漏 2. 缸体与活塞的配合间隙过小,密封过紧,运动阻力大 3. 运动零件制造存在误差或装配不良,引起不同心或单面剧烈摩擦 4. 活塞杆弯曲,引起剧烈摩擦 5. 缸体内孔拉伤与活塞咬死,或缸体内孔加工不良 6. 液压油中杂质过多,使活塞或活塞杆卡死 7. 液压油温度过高,加剧泄漏	1. 修理或更换不符合精度要求的零件,重新装配、调整或更换密封件 2. 增加配合间隙,调整密封件的压紧程度 3. 修理误差较大的零件,重新装配 4. 校直活塞杆 5. 镗磨、修复缸体或更换缸体 6. 清洗液压系统,更换液压油 7. 分析温升原因,改进密封结构,避免温升过高
外泄漏	1. 密封件咬边、拉伤或破坏 2. 密封件方向装反 3. 缸盖螺栓未拧紧 4. 运动零件之间有纵向拉伤和沟痕	1. 更换密封件 2. 改正密封件的装配方向 3. 拧紧缸盖螺钉 4. 修理或更换零件

4.3　柱塞式液压缸及其他类型液压缸

4.3.1　柱塞缸

如图 4.14(a)所示为柱塞缸,它只能实现一个方向的液压传动,反向运动要靠外力。若需要实现双向运动,则必须成对使用。如图 4.14(b)所示,这种液压缸中的柱塞和缸筒不接触,运动时由缸盖上的导向套来导向,因此,缸筒的内壁不需精加工,它特别适用于行程较长的场合。

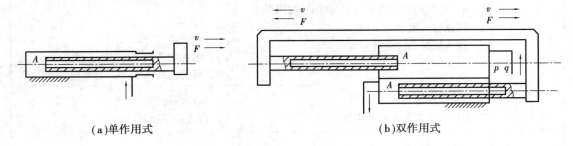

(a)单作用式　　　　　　　　　　　　　(b)双作用式

图 4.14　柱塞缸

柱塞缸的推力和速度各为

$$F = pA = p\pi d^2/4 \tag{4.17}$$

$$v = \frac{q}{A} = \frac{4q}{\pi d^2} \tag{4.18}$$

4.3.2　其他液压缸

(1)增压液压缸

增压液压缸又称增压器,它利用活塞和柱塞有效面积的不同使液压系统中的局部区域获得高压。它有单作用和双作用两种形式。单作用增压缸的工作原理如图 4.15(a)所示。当输入活塞缸的液体压力为 p_1、活塞直径为 D、柱塞直径为 d 时,柱塞缸中输出的液体压力为高压 p_2,其值为

$$p_2 = p_1 \left(\frac{D}{d}\right)^2 = Kp_1 \tag{4.19}$$

式中,$K = (D/d)^2$,称为增压比,它代表其增压程度。

显然,增压能力是在降低有效能量的基础上得到的。也就是说,增压缸仅仅是增大输出的压力,并不能增大输出的能量。单作用增压缸在柱塞运动到终点时,不能再输出高压液体,需要将活塞退回到左端位置,再向右行时才又输出高压液体。为了克服这一缺点,可采用双作用增压缸(见图 4.15(b)),由两个高压端连续向系统提供高压油。

(2)伸缩液压缸

伸缩缸由两个或多个活塞缸套装而成。前一级活塞缸的活塞杆内孔是后一级活塞缸的缸筒,伸出时可获得很长的工作行程,缩回时可保持很小的结构尺寸。伸缩缸被广泛用于起重、

运输车辆上。

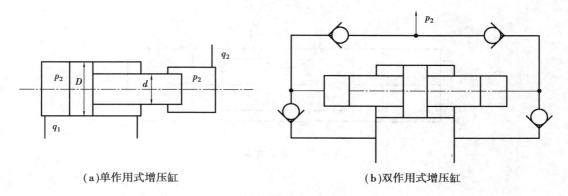

（a）单作用式增压缸　　　　　　　　　　（b）双作用式增压缸

图 4.15　增压液压缸

伸缩缸可以是如图 4.16（a）所示的单作用式，也可以是如图 4.16（b）所示的双作用式。前者靠外力回程，后者靠液压回程。如图 4.17 所示为双作用式伸缩缸的结构图。

（a）单作用式　　　　　　　　　　　　　（b）双作用式

图 4.16　伸缩液压缸

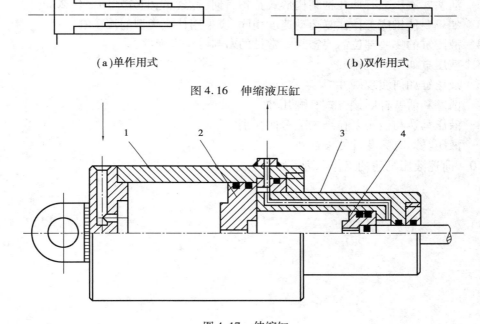

图 4.17　伸缩缸

1——一级缸筒；2——一级活塞；3——二级缸筒；4——二级活塞

伸缩缸的外伸动作是逐级进行的。首先是最大直径的缸筒以最低的油液压力开始外伸，当到达行程终点后，稍小直径的缸筒开始外伸，直径最小的末级最后伸出。随着工作级数变大，外伸缸筒直径越来越小，工作油液压力随之升高，工作速度变快。

（3）齿轮液压缸

齿轮液压缸由两个柱塞缸和一套齿条传动装置组成。柱塞的移动经齿轮齿条传动装置变成齿轮的转动，用于实现工作部件的往复摆动或间歇进给运动，如图 4.18 所示。

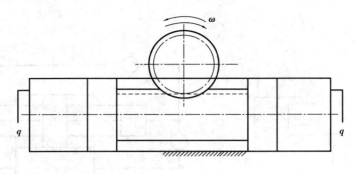

图 4.18 齿条活塞缸

思考题与习题

4.1 什么叫液压执行元件？它有哪些类型？它们各有什么用途？

4.2 活塞式液压缸有哪几种结构形式？各有何特点？它们分别用在什么场合？

4.3 如果要使机床工作往复运动速度相同，应采用什么类型的液压缸？

4.4 液压缸的哪些部位需要密封？常见的密封方法有哪些？

4.5 液压缸如何实现排气？

4.6 液压缸如何实现缓冲？

4.7 活塞和活塞杆联接方式有哪几种？

4.8 液压马达与液压泵在结构上有何区别？

4.9 液压马达有哪些性能参数？

4.10 简述液压马达的工作原理。

第 **5** 章
液压辅助元件

液压系统中的辅助元件是指除液压动力元件、执行元件和控制元件之外的其他各类元件，如蓄能器、过滤器、油箱、热交换器及管件等元件。这些元件结构较简单，功能也较单一，但不可或缺，对提高液压系统的工作性能有直接影响。

5.1 油管与管接头

液压系统用管接头把油管与元件连接起来，用以输送工作液体。油管和管接头应有足够的强度、良好的密封性能，并且压力损失要小，拆装方便。

5.1.1 油管

（1）油管的分类

1）硬管

①钢管

钢管价格低廉、耐高压、耐油、抗腐蚀、刚性好，但装配时不易弯曲。常在拆装方便处用作压力管道。常用钢管有冷拔无缝钢管和有缝钢管（焊接钢管）两种。中压以上条件下采用无缝钢管；高压的条件下，可采用合金钢管；低压条件下，采用焊接钢管。

②紫铜管

紫铜管易弯曲成形，安装方便，管壁光滑，摩擦阻力小，但价格高，耐压能力低，抗振能力差，易使油液氧化，一般用在仪表装配不便处。

2）软管

①橡胶管

橡胶管用于柔性连接，可分高压和低压两种。高压胶管由耐油橡胶夹钢丝编织网制成，用于压力管路，钢丝网层数越多，耐压能力越高，最高的使用压力可达 40 MPa；低压胶管由耐油橡胶夹帆布制成，常用在回油管路。

②塑料管

塑料管耐油、价格低、装配方便，长期使用易老化，常用在压力低于 0.5 MPa 的回油管与泄油管。

③尼龙管

尼龙管乳白色,半透明,可观察液体流动情况,在液压行业得到日益广泛的应用。加热后可任意弯曲成形和扩口,冷却后即定形。一般应用在承压能力为 2.5 ~ 8 MPa 的液压系统中。

④金属波纹软管

金属波纹软管由极薄不锈钢无缝管作管坯,外套网状钢丝组合而成。管坯为环状或螺旋状波纹管。与耐油橡胶相比,金属波纹管价格较贵,但其质量小,体积小,耐高温,清洁度好。金属波纹管的最高工作压力可达 40 MPa,目前仅限于小通径管道。

(2)油管的安装技术要求

1)硬管的安装技术要求

①硬管安装时,对平行或交叉管道,相互之间要有 100 mm 以上的空隙,以防止干扰和振动,也便于安装管接头。在高压大流量场合,为防止管道振动,需每隔 1 m 左右用标准管夹将管道固定在支架上,以防止振动和碰撞。

②管道安装时,路线应尽可能短,应横平竖直,布管要整齐,尽量减少转弯,要尽量避免直角转弯。若需要转弯,其弯曲半径应大于管道外径的 3 ~ 5 倍,弯曲后管道的椭圆度应小于10%,不得有波浪状变形、凹凸不平及压裂与扭转等不良现象。金属管连接时,一定要有适当的弯曲,图 5.1 列举了一些配置实例。

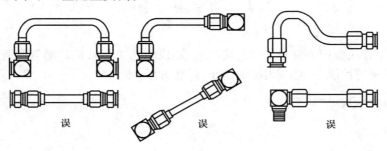

图 5.1　金属管连接实例

③在安装前,应对钢管内壁进行仔细检查,看其内壁是否存在锈蚀现象。一般应用 20%的硫酸或盐酸进行酸洗,酸洗后用 10%的苏打水中和,再用温水洗净、干燥、涂油,进行静压试验,确认合格后再安装。

2)软管安装的技术要求

软管弯曲半径应大于软管外径的 10 倍。对金属波纹管,若用于运动连接,其最小弯曲半径应大于内径的 20 倍。耐油橡胶软管和金属波纹管与管接头均是成套供货。弯曲时,耐油橡胶软管的弯曲处距管接头的距离至少是外径的 6 倍;金属波纹管的弯曲处距管接头的距离应大于管内径的 2 ~ 3 倍。

软管在安装和工作中不允许有拧、扭现象。

耐油橡胶软管用于固定件的直线安装时要有一定的长度余量(一般留有 30%左右的余量),以适应胶管在工作时 - 2% ~ + 4% 的长度变化(油温变化、受拉、振动等因素引起)的需要。

耐油橡胶软管不能靠近热源,要避免与设备上的尖角部分相接触或摩擦,以免划伤管子。

5.1.2　管接头

管接头是油管与油管、油管与液压元件之间的可拆卸连接。它应满足连接牢固、密封可靠、液阻小、结构紧凑、拆装方便等要求。

管接头的形式很多。按接头的通路方向,有直通、直角、三通、四通、铰接等形式;按其与油管连接方式分,有管端扩口式、卡套式、焊接式、扣压式等。管接头与机体的连接常用圆锥螺纹或普通细牙螺纹。用圆锥螺纹连接时,应外加防漏填料;用普通细牙螺纹连接时,应采用组合密封垫(熟铝合金与耐油橡胶组合),并且应在被连接件上加工出一个小平面。

（1）管端扩口式管接头

管端扩口式管接头工作原理如图 5.2 所示。它适合于铜管和薄壁钢管之间的连接。接管 2 先扩成喇叭口(74°～90°),再用接头螺母 3 把导套 4 连同接管 2 一起压紧在接头体 1 上,形成密封。装配时的拧紧力通过接头螺母 3 转换成轴向压紧力,由导套 4 传递给接管的管口部分,使扩口锥面与接头体 1 密封锥面之间获得接触比压。在起刚性密封的同时,也起到连接作用,并承受由管内流体压力所产生的接头体与接管之间的轴向分力。这种管接头的最高压力一般小于 16 MPa。

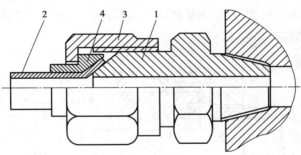

图 5.2　管端扩口式管接头
1—接头体;2—接管;3—接头螺母;4—导套

（2）卡套式管接头

如图 5.3 所示,卡套式管接头的基本结构由接头体 1、卡套 4 和螺母 3 这 3 个基本零件组成。卡套是一个在内圆端部带有锋利刃口的金属环,装配时因刃口切入被连接的油管而起到连接和密封的作用。

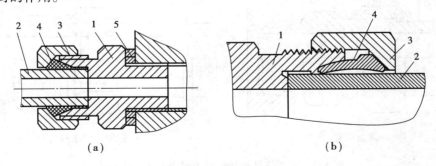

（a）　　　　　　　　　　　　　　（b）

图 5.3　卡套式管接头
1—接头体;2—接管;3—螺母;4—卡套;5—组合密封垫

装配时,首先把螺母 3 和卡套 4 套在接管 2 上,然后把油管插入接头体 1 的内孔(靠紧),把卡套安装在接头体内锥孔与油管中的间隙内,再把螺母 3 旋紧在接头体 1 上,旋至螺母 90°与卡套尾的 86°锥面充分接触为止。在用扳手紧固螺母之前,务必使被连接的油管端面与接头体止推面相接触,然后一面旋紧螺母一面用手转动油管,当油管不能转动时,表明卡套在螺母推动和接头锥面的挤压下已开始卡住油管,继续旋紧螺母 1～4/3 圈使卡套的刃口切入油管,形成卡套与油管之间的密封,卡套前端外表面与接头体内锥面间所形成的球面接触密封为另一密封面。

卡套式管接头所用油管外径一般不超过 42 mm,使用压力可达 40 MPa,工作可靠,拆装方便,但对卡套的制造工艺要求较高。

(3)焊接式管接头

如图 5.4 所示,焊接管接头是将管子的一端与管接头上的接管 2 焊接起来后,再通过管接头上的螺母 3、接头体 1 等与其他管子式元件连接起来的一类管接头。接头体 1 与接管 2 之间的密封可采用如图 5.4 所示的 O 形密封圈 4 来密封。除此之外,还可采用球面压紧的方法或加金属密封垫圈的方法加以密封。管接头也可用如图 5.5(a)所示的球面压紧;或加金属密封圈,用如图 5.5(b)所示的方法来密封。后两种密封方法承压能力较低,球面密封的接头加工较困难。接头体与元件连接处,可采用如图 5.5 所示的圆锥螺纹,也可采用细牙圆柱螺纹(图5.4),并加组合密封垫圈 5 防漏。

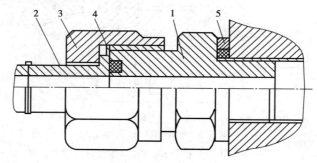

图 5.4　焊接式管接头

1—接头体;2—接管;3—螺母;4—O 形密封圈;5—组合密封垫

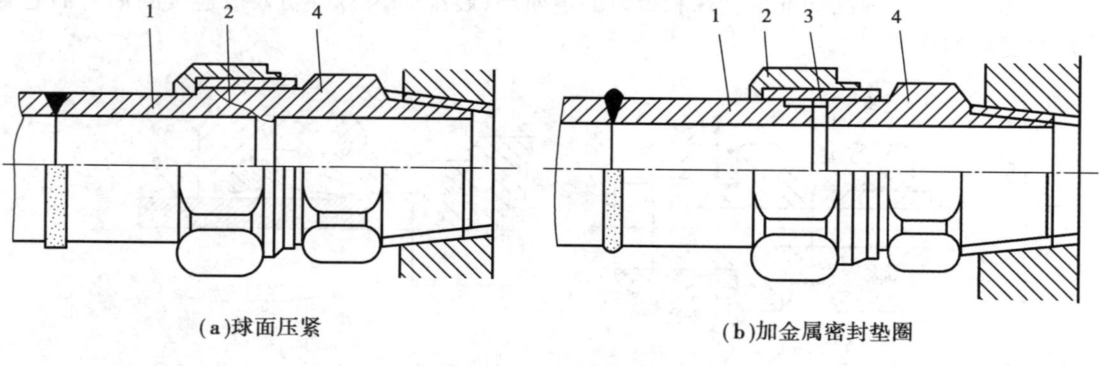

(a)球面压紧　　　　　　　　　　　　(b)加金属密封垫圈

图 5.5　球两压紧和加金属密封圈的焊接管接头

1—接管;2—螺母;3—密封圈;4—接头体

焊接式钢管接头结构简单,制造方便,耐高压(32 MPa),密封性能好。其缺点是对钢管与接管的焊接质量要求较高。

(4)软管接头

软管接头一般与钢丝编织的高压橡胶软管配合使用。它可分为可拆式和扣压式两种。

如图 5.6 所示为可拆式软管接头。它主要由接头螺母 1、接头体 2、外套 3 及胶管 4 组成。胶管夹在两者之间,拧紧后,连接部分的胶管被压缩,从而达到连接和密封的作用。

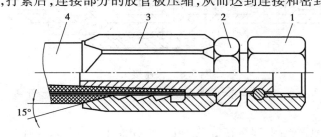

图 5.6　可拆式软管接头

1—接头螺母;2—接头体;3—外套;4—胶管

扣压式软管接头如图 5.7 所示。它由接头螺母 1、接头芯 2、接头套 3 及胶管 4 构成。装配前,首先剥去胶管上的一层外胶,然后把接头套套在剥去外胶的胶管上再插入接头芯,最后将接头套在压床上用压模进行挤压收缩,使接头套内锥面上的环形齿嵌入钢丝层达到牢固连接,也使接头芯外锥面与胶管内胶层压紧而达到密封的目的。

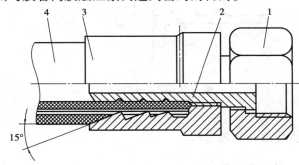

图 5.7　扣压式软管接头

1—接头螺母;2—接头芯;3—接头套;4—胶管

注意:软管接头的规格是以软管内径为依据的,金属管接头则是以金属管外径为依据的。

(5)快速接头

快速接头是一种不需要任何工具,能实现迅速连接或断开的油管接头,适用于需要经常拆卸的液压管路。如图 5.8 所示为快速接头的结构示意图。其中,各零件位置为油路接通时的位置。它有两个接头体 3 和 9,接头体两端分别与管道连接。外套 8 把接头体 3 上的 3 个或 8 个钢球 7 压落在接头体 9 上的 V 形槽中,使两接头体连接起来。锥阀芯 2 和 5 互相挤紧顶开使油路接通。当需要断开油路时,可用力将外套 8 向左推移,同时拉出接头体 9,此时弹簧 4 使外套 8 回位。锥阀芯 2 和 5 分别在各自弹簧 1 和 6 的作用下外伸,顶在接头体 3 和 9 的阀座上而关闭油路,并使两边管子内的油封闭在管中,不致流出。

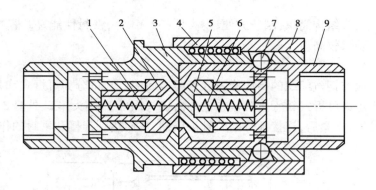

图 5.8　快速接头

1,4,6—弹簧;2,5—锥阀芯;3,9—接头体;5—钢球;8—外套

（6）法兰式管接头

法兰式管接头是把钢管 1 焊接在法兰 2 上,再用螺钉连接起来,两法兰之间用 O 形密封圈密封,如图 5.9 所示。这种管接头结构坚固,工作可靠,防振性好;但外形尺寸较大,适用于高压、大流量管路。

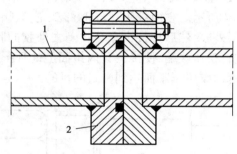

图 5.9　法兰式管接头

1—钢管;2—法兰

5.1.3　管件及接头故障分析与排除

（1）液压软管的故障分析与排除

1）使用不合格软管引起的故障

①原因

劣质软管主要是橡胶质量差、钢丝层拉力不足、编织不均,使承载能力不足,在压力油冲击下,易造成管路损坏而漏油。

②措施

在维修时,对新更换的液压软管,应认真检查生产厂家、日期、批号、规定的使用寿命和有无缺陷,不符合规定的液压软管坚决不能使用。

2）违规装配引起的故障

①原因

软管安装时,若弯曲半径不符合要求或软管扭曲等,皆会引起软管破损而漏油。在安装软管时,如果软管受到过分的拉伸变形,各层分离,降低了耐压强度。在低温条件下,液压软管的弯曲或修配不符合要求,会使液压软管的外表面上出现裂纹。

②措施

严格按照软管安装的技术要求安装液压软管。

3）液压系统高温引起的故障

①原因

当环境温度过高时，当风扇装反或液压马达旋向不对时，当液压油牌号选用不当或油质差时，当散热器散热性能不良时，以及当泵及液压系统压力阀调节不当时等，都会造成油温过高，导致液压软管过热，会使液压软管中加入的增塑剂溢出，降低液压软管柔韧性。另外，过热的油液通过系统中的缸、阀或其他元件时，如果产生较大的压降会使油液发生分解、变质；管内胶层氧化而变硬；对橡胶管路如果长期受高温的影响，则会导致橡胶管路从高温、高压、弯曲、扭曲严重的地方发生老化、变硬和龟裂，最后油管爆破而漏油。

②措施

当橡胶管路由于高温影响导致疲劳破坏或老化时，首先要认真检查液压系统工作温度是否正常，排除一切引起油温过高和使油液分解的因素后更换软管；软管布置要尽量避免热源，要远离发动机排气管；必要时，可采用套管或保护屏等装置，以免软管受热变质。为了保证液压软管的安全工作，延长其使用寿命，对处于高温区的橡胶管，应做好隔热降温，如包扎隔热层、引入散热空气等都是有效措施。

4）污染引起的故障

①原因

当液压油受到污染时，液压油的相容性变差，使软管内胶材质与液压系统用油不相容，软管受到化学作用而变质，导致软管内胶层严重变质，出现明显发胀的现象。此外，管路的外表面经常会沾上水分、油泥或尘土，容易使导管外表面产生腐蚀，加速其外表面老化。

②措施

在日常维护工作中，不得随意踩踏、拉压液压软管，更不允许用金属器具或尖锐器具敲碰液压软管，以防出现机械损伤；对露天停放的液压机械或液压设备，应加盖蒙布，做好防尘、防雨雪工作，雨雪过后应及时进行除水、晾晒和除锈；要经常擦去管路表面的油污和尘土，防止液压软管腐蚀；油液添加和部件拆装时，要严把污染关口，防止将杂物、水分带入系统中；此外，一定要防止把有害的溶剂和液体洒在液压软管上。

（2）扩口管接头的漏油

①扩口管接头及其管路漏油主要原因是扩口处的质量欠佳。另外，也有安装方面的原因。拧紧力过大或过松，会造成泄漏；适用扩口管接头要注意扩口处的质量，不要出现扩口太浅、扩口破裂等现象；扩口端面至少要与管套端面齐平，以免在紧固螺母时，将管壁挤薄，引起破裂甚至在拉力作用下使管子脱落引起漏油和喷油现象；在拧紧管接头螺母时，紧固力矩要适度；可采用划线法拧紧，即先用手将螺母拧到底，在螺母和接头体间画一条线，然后用一只扳手扳住接头体，再用另一扳手扳螺母，只需再拧 1/4～1/3 圈即可，如图 5.10 所示。

②由于管子的弯曲角度不对（见图 5.11（a）），以及接管长度不对（见图 5.11（b））。管接头扩口处很难密合，造成泄漏。其泄漏部位如图 5.11 所示。为保证补漏应使弯曲角度正确和控制接管长度适度（不能过长或过短）。

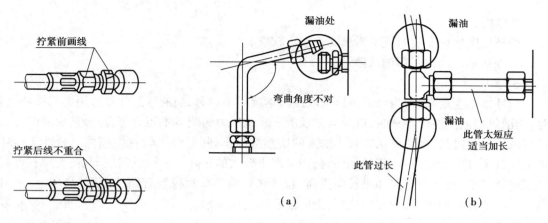

图 5.10　划线法拧紧　　　　　　图 5.11　管子弯曲角度不对或接管长度不对

③接头位置靠得太近,不能拧紧。由于干涉,在若干个接头靠近在一起时,若采用如图5.12(a)所示的排列,接头之间因靠得太近,扳手因活动空间不够而不能拧紧,造成漏油。其解决办法是拉开管接头之间的距离,如果此办法不可行,可按如图5.12(b)所示的方法解决,可方便拧紧,同时便于维修。

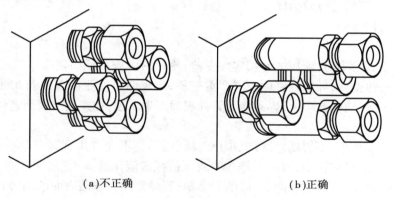

图 5.12　接头位置

④扩口管接头的加工质量不好,引起泄漏。

扩口管接头有 A 型和 B 型两种形式。如图5.13 所示为 A 型,当管套、接头体和紫铜管互相配合的锥面与图中的角度值不对时,密封性能不良,特别是在锥面尺寸和表面粗糙度太差,锥面上拉有沟槽时,会产生漏油。另外,当螺母与接头体的螺纹有效尺寸不够(螺母有效长度要短于接头体),不能将管套和紫铜管锥面压在接头体锥面上时,也会产生漏油。

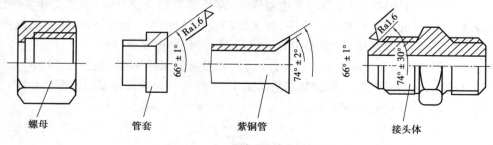

图 5.13　扩口管接头的组成零件

5.2　过滤器

5.2.1　过滤器简介

过滤器的功用就是滤去油液中的杂质,维护油液的清洁,防止油液被污染,保证液压系统正常工作。

需要指出的是,过滤器的使用仅是减少液压介质(即液压油)污染的手段之一,要使液压介质污染降低到最低限度,还需要与其他清除污染手段相配合。过滤器的符号如图 5.14 所示。

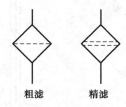

图 5.14　过滤器的符号

(1)过滤器的主要性能参数

过滤器的主要性能参数有过滤精度、过滤比和过滤能力等。

1)过滤精度

过滤器的过滤精度是指介质流经过滤器时滤芯能够滤除的最小杂质颗粒度(颗粒直径)的大小,以公称直径 d 表示,单位为 mm。颗粒度越小,其过滤精度越高,一般分为 4 级:粗过滤器,$d \geqslant 0.1$ mm;普通过滤器,$d \geqslant 0.01$ mm;精过滤器,$d \geqslant 0.005$ mm;特精过滤器,$d \geqslant 0.001$ mm。

2)过滤比

过滤器的作用也可用过滤比来表示。它是指过滤器上游油液单位容积中大于某一给定尺寸的颗粒数与下游油液单位容积中大于同一尺寸的颗粒数之比。国际标准 ISO4572 推荐过滤比的测试方法是:在油箱中不断加入某种规格的污染物(试剂),液压泵从油箱中吸油,输出的油液通过被测过滤器,然后回油箱;测量过滤器入口与出口处污染物的数量,即得到过滤比。影响过滤比的因素很多,如污染物的颗粒度及尺寸分布、流量脉动及流量冲击等。过滤比越大,过滤器的过滤效果越好。

3)过滤能力

过滤器的过滤能力是指在一定压差下允许通过过滤器的最大流量,一般用过滤器的有效过滤面积(滤芯上能通过油液的总面积)来表示。

(2)过滤器的类型

过滤器按过滤材料的过滤原理,可分为表面型、深度型和磁性过滤器 3 种。

1)表面型过滤器

表面型过滤器的过滤作用是由一个几何面来实现的,就像丝网一样把污物阻留在其外表面。滤芯材料具有均匀的标定小孔,可滤除大于标定小孔的污物杂质。由于污物杂质积聚在滤芯表面,因此,此种过滤器极易堵塞。最常用的有网式和线隙式过滤器两种。如图 5.15(a)所示为网式过滤器。它是用细铜丝网 1 作为过滤材料,包在周围开有很多窗孔的塑料或金属筒形骨架 2 上。一般能滤去 0.08 ~ 0.18 mm 的杂质颗粒,阻力小,其压力损失不超过 0.01 MPa;通常被安装在液压泵吸油口处,保护泵不受大粒度机械杂质的损坏。此种过滤器结构简单,清洗方便。如图 5.15(b)所示为线隙式过滤器。其中,1 是壳体,滤芯是用铜或铝线 3 绕在筒形骨架 2 的外圆上,利用线间的缝隙进行过滤。一般滤去 0.03 ~ 0.1 mm 的杂质颗粒,压力损失为 0.07 ~ 0.35 MPa,常用在回油低压管路或泵吸油口。此种过滤器结构简单,滤芯材料强度低,不易清洗。

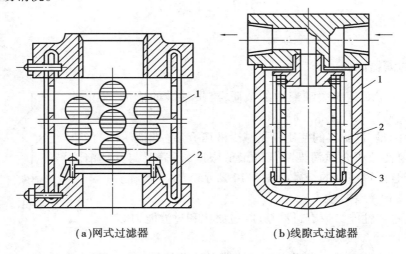

（a）网式过滤器　　　　　　　　（b）线隙式过滤器

图 5.15　表面型过滤器
（a）1—细铜丝网;2—骨架
（b）1—壳体;2—骨架;3—铝线

2）深度型过滤器

深度型过滤器的滤芯由多孔、可透性材料制成,材料内部具有曲折迂回的通道,大于表面孔径的颗粒污物直接被拦截在靠油液上游的外表面,而较小颗粒污物进入过滤材料内部,撞到通道壁上,滤芯的吸附及迂回曲折通道有利颗粒污物的沉积和截留。这种滤芯材料有纸芯、烧结金属、毛毡及各种纤维类等。

如图 5.16 所示为纸芯式过滤器。它采用折叠形以增加过滤面积的微孔纸芯包在由铁皮制成的骨架上。油液从外进入滤芯后流出。它可滤去 $d > 0.05 ~ 0.03$ mm 的颗粒,压力损失为 0.08 ~ 0.4 MPa,常用于对油液要求较高的场合。纸芯式过滤器过滤效果好,滤芯堵塞后无

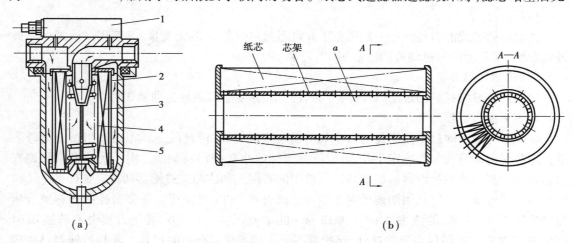

（a）　　　　　　　　　　　　　　　　（b）

图 5.16　纸芯式过滤器
1—堵塞状态发信装置;2—滤芯外层;3—滤芯中层;4—滤芯内层;5—支承弹簧

法清洗,要更换纸芯。多数纸芯式过滤器上设置了污染指示器。其结构如图 5.17 所示。

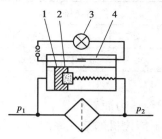

图 5.17　污染指示器结构图
1—活塞;2—永久磁铁;3—指示灯;4—感簧管

如图 5.18(a)所示为烧结式过滤器。它的滤芯 3 是用颗粒状青铜粉烧结而成。油液从侧油孔进入,经杯状滤芯过滤后,从下部油孔流出。它可滤去 $d > 0.01 \sim 0.1$ mm 的颗粒,压力损失为 $0.03 \sim 0.2$ MPa,多用在回油路上。烧结式过滤器制造简单、耐腐蚀、强度高;但压力损失较大,金属颗粒有时会脱落,堵塞后清洗困难。

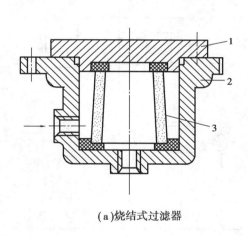

(a)烧结式过滤器

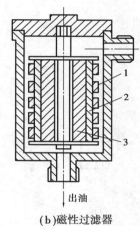

出油

(b)磁性过滤器

图 5.18　过滤器
(a)烧结式过滤器:1—端盖;2—壳体;3—滤芯
(b)磁性过滤器:1—铁环;2—套管;3—磁棒

3)磁性过滤器

如图 5.18(b)所示,磁性过滤器的滤芯采用永磁性材料,将油液中对磁性敏感的金属颗粒吸附过滤。常与其他形式滤芯一起制成复合式过滤器,对金属切削机床液压系统特别适用。

5.2.2　过滤器的选用与安装

(1)过滤器的选用

选用过滤器时应考虑以下 4 个方面:

①过滤精度应满足系统的要求。过滤精度是以滤除杂质颗粒度大小来衡量,颗粒度越小,则过滤精度越高。不同液压系统对过滤器的过滤精度要求见表 5.1。

②要有足够的通流能力。通流能力是指在一定压力降下允许通过过滤器的最大流量。应结合过滤器在液压系统中的安装位置,根据过滤器样本来选取。

表5.1　各种液压系统的过滤精度要求

系统类别	润滑系统	传动系统			伺服系统	特殊要求系统
压力/MPa	0~2.5	<7	>7	<35	<21	<35
颗粒度/mm	<0.1	<0.05	<0.025	<0.005	<0.005	<0.001

③要有一定的机械强度,不因液压力而破坏。

④考虑过滤器其他功能。对不能停机的液压系统,必须选择切换式结构的过滤器,可不停机更换滤芯;对需要滤芯堵塞报警的场合,则可选择带发信装置的过滤器。

(2)过滤器的安装

过滤器在液压系统中有以下5种常见安装位置:

1)安装在泵的吸油口

在泵的吸油口安装网式或线隙式过滤器,防止大颗粒杂质进入泵内,同时有较大通流能力,防止空穴现象,如图5.19所示的件1。

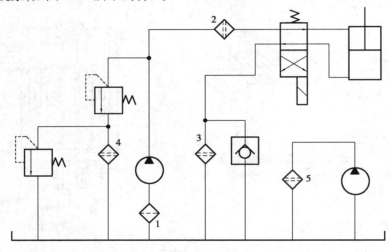

图5.19　过滤器的安装位置

2)安装在泵的出口

如图5.19所示的件2,安装在泵的出口可保护除泵以外的元件,但需选择过滤精度高、能承受油路上工作压力和冲击压力的过滤器,压力损失一般小于0.35 MPa。此种方式常用于过滤精度要求较高的系统及伺服阀和调速阀前,以确保它们的正常工作。为保护过滤器本身,应选用带堵塞发信装置的过滤器。

3)安装在系统的回油路上

安装在回油路可滤去油液回油箱前侵入系统或系统生成的污物。由于回油压力低,可采用滤芯强度低的过滤器,其压力降对系统影响不大,为了防止过滤器阻塞,一般与过滤器并联一安全阀或安装堵塞发信装置,如图5.19所示的件3。

4)安装在系统的旁路上

如图5.19所示的件4,与阀并联,使系统中的油液不断净化。

5)安装在独立的过滤系统

在大型液压系统中,可专设液压泵和过滤器组成的独立过滤系统,专门滤去液压系统油箱中的污物,通过不断循环,提高油液清洁度。专用过滤车也是一种独立的过滤系统,如图5.19所示的件5。

使用过滤器时,还应注意过滤器只能单向使用,按规定液流方向安装,以利于滤芯清洗和安全。清洗或更换滤芯时,要防止外界污染物侵入液压系统。

5.3　蓄能器

5.3.1　蓄能器简介

在液压系统中,蓄能器用来储存和释放液体的压力能。它的工作原理是:当系统压力高于蓄能器内液体的压力时,系统中的液体充进蓄能器中,直至蓄能器内、外压力保持相等;反之,当蓄能器内液体的压力高于系统压力时,蓄能器中的液体将流到系统中去,直至蓄能器内外压力平衡。

目前,常用的蓄能器是利用气体膨胀和压缩进行工作的充气式蓄能器。它有活塞式和气囊式两种。

（1）活塞式蓄能器

活塞式蓄能器的结构如图5.20所示。活塞1的上部为压缩空气,气体由气门3充入;油液经其下部油孔 a 通入液压系统中。气体和油液在蓄能器中由活塞1隔开,利用气体的压缩和膨胀来储存、释放压力能。活塞随下部液压油的储存和释放而在缸筒内滑动。

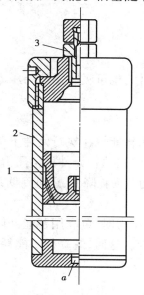

图 5.20　活塞式蓄能器

1—活塞;2—缸体;3—气门

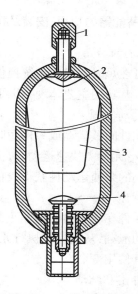

图 5.21　气囊式蓄能器

1—充气阀;2—壳体;3—气囊;4—提升阀

这种蓄能器的结构简单、工作可靠、安装容易、维护方便、使用寿命长,但是因为活塞有一定的惯性及受到摩擦力作用,反应不够灵敏,所以不宜用于缓和冲击、脉动以及低压系统中。此外,密封件磨损后会使气液混合,也将影响液压系统工作的稳定性。

(2)气囊式蓄能器

气囊式蓄能器的结构如图 5.21 所示。气囊 3 用耐油橡胶制成,固定在耐高压的壳体 2 上部。气囊 3 内充有惰性气体,利用气体的压缩和膨胀来储存、释放压力能。壳体 2 下端的提升阀 4 是用弹簧加载的菌形阀,由此通入液压油。该结构气液密封性能十分可靠,气囊惯性小、反应灵敏、容易维护,但工艺性较差,气囊及壳体制造困难。

此外,还有重锤式(见图 5.22)、弹簧式(见图 5.23)、气瓶式(见图 5.24)及隔膜式蓄能器等。

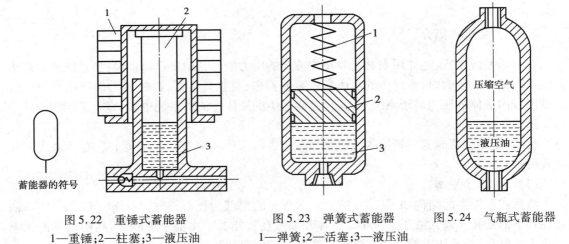

图 5.22　重锤式蓄能器　　　　图 5.23　弹簧式蓄能器　　　图 5.24　气瓶式蓄能器
1—重锤;2—柱塞;3—液压油　　　1—弹簧;2—活塞;3—液压油

5.3.2　蓄能器的功用、安装及使用

(1)蓄能器的功用

蓄能器可在短时间内向系统提供具有一定压力的液体,也可吸收系统的压力脉动和减小压力冲击等。其功用主要体现在以下 4 个方面:

1)作辅助动力源

当执行元件间歇运动或只作短时高速运动时,可利用蓄能器在执行元件不工作时储存压力油,而在执行元件需快速运动时,由蓄能器与液压泵同时向执行元件供给压力油。这样,就可用流量较小的泵使运动件获得较快的速度,不但可使功率损耗降低,还可降低系统的温升。

2)系统保压

当执行元件在较长时间内停止工作且需要保持一定压力时,可利用蓄能器储存的液压油来弥补系统的泄漏,从而保持执行元件工作腔的压力不变。这时,既降低了能耗,又使液压泵卸荷而延长其使用寿命。

3)吸收冲击和脉动

在控制阀快速换向、突然关闭或执行元件的运动突然停止时都会产生液压冲击,齿轮泵、柱塞泵、溢流阀等元件工作时也会使系统产生压力和流量脉动,严重时还会引起故障。因此,当液压系统的工作平稳性要求较高时,可在冲击源和脉动源附近设置蓄能器,以起缓和冲击和吸收脉动的作用。

4）用作应急油源

当电源突然中断或液压泵发生故障时,蓄能器能释放出所储存的压力油使执行元件继续完成必要的动作和避免可能因缺油而引起的故障。

另外,在输送对泵和阀有腐蚀作用或有毒、有害的特殊液体时,可用蓄能器作为动力源吸入或排出液体,作为液压泵来使用。

（2）蓄能器的安装及使用

在安装及使用蓄能器时,应注意以下 8 点:

①气囊式蓄能器中应使用惰性气体（一般为氮气）。蓄能器绝对禁止使用氧气,以免引起爆炸。

②蓄能器属于压力容器,搬运和拆装时,应将充气阀打开,排出充入的气体,以免因振动或碰撞而发生意外事故。

③应将蓄能器的油口向下,竖直安装,并且有牢固的固定装置。

④液压泵与蓄能器之间应设置单向阀,以防止液压泵停止工作时,蓄能器内的液压油向液压泵中倒流;应在蓄能器与液压系统的连接处设置截止阀,以供充气、调整或维修时使用。

⑤蓄能器的充气压力应为液压系统最低工作力的 90% ~ 25% ;而蓄能器的容量,可根据其用途不同,可参考相关液压系统设计手册来确定。

⑥不能在蓄能器上进行焊接、铆接及机械加工。

⑦不能在充油状态下拆卸蓄能器。

⑧蓄能器属于压力容器,必须有生产许可证才能生产,故一般不要自行设计、制造蓄能器,而应选择专业生产厂家的定型产品。

5.3.3　气囊式蓄能器的故障分析及排除

气囊式蓄能器具有体积小、质量小、惯性小及反应灵敏等优点,目前应用最为普遍。下面以 NXQ 型气囊式蓄能器为例,说明蓄能器的故障现象及排除方法,其他类型的蓄能器可参考进行。

（1）气囊式蓄能器压力下降严重,经常需要补气

气囊式蓄能器中皮囊的充气阀为单向阀的形式,靠密封锥面密封,如图 5.25 所示。当蓄能器在工作过程中受到振动时,有可能使阀芯松动,使密封锥面不密合,导致漏气。阀芯锥面上拉有沟槽,或者锥面上粘有污物,均可能导致漏气。此时,可在充气阀的密封盖内垫入厚3 mm左右的硬橡胶垫,以及采取修磨密封锥面使之密合等措施解决。

另外,如果出现阀芯上端螺母松脱,或者弹簧折断或漏装的情况,有可能使皮囊内氮气顷刻泄完。

（2）皮囊使用寿命短

其影响因素有:皮囊质量、使用的工作介质与皮囊材质的相容性;有污物混入;选用的蓄能器公称容量不合适（油口流速不能超过 7 m/s）;油温过高或过低;作蓄能用时,往复频率是否超过 1 次/10 s,超过则寿命开始下降,若超过 1 次/3 s,则

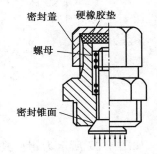

图 5.25　蓄能器皮囊气阀简图

寿命急剧下降;安装是否良好;配管设计是否合理等。

另外,为了保证蓄能器在最小工作压力时能可靠工作,并避免皮囊在工作过程中常与蓄能器下端的菌型阀相碰撞,延长皮囊的使用寿命,充气压力 P_0 一般应在 0.75 ~ 0.9 选取;为避免在工作过程中皮囊的收缩和膨胀幅度过大而影响使用寿命,充气压力 P_0 应超过最高工作压力的 25%。

5.4　热交换器

5.4.1　热交换器简介

液压系统中,油液的工作温度一般在 40 ~ 60 ℃ 为宜,最高不高于 60 ℃,最低不低于 15 ℃。温度过高,将使油液迅速氧化变质,同时使液压泵的容积效率下降(泄漏增加);温度过低,则易造成液压泵吸油困难。为控制油液温度,油箱常配有冷却器和加热器,统称热交换器。

(1)冷却器

冷却器除了可通过管道散热面积直接吸收油液中的热量外,还可使油液流动出现紊流时通过破坏边界层来增加油液的传热系数。对冷却器的基本要求是:在保证散热面积足够大、散热效率高和压力损失小的前提下,应结构紧凑、坚固、体积小、质量小,最好有油温自动控制装置,以保证油温控制的准确性。冷却器根据冷却介质的不同,可分为水冷式和风冷式。

1)水冷式冷却器

水冷式冷却器的主要形式为多管式、板式和翅片式。

多管式冷却器的典型结构如图 5.26 所示。工作时,冷却水从管内通过,高温油液从壳体内管间流过,实现热交换。为提高散热效果,用隔板将铜管分成两部分,冷却水流经一部分铜管后再流经另一部分铜管。冷却器内还安装有挡板,挡板与铜管垂直放置。因采用强制对流(油液与冷却水同时反向流动)方式,故这种冷却器传热效率高,冷却效果好。

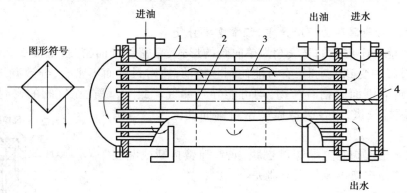

图 5.26　多管式冷却器

1—外壳;2—挡板;3—铜管;4—隔板

如图 5.27 所示为翅片式冷却器。为增强油液的传热效果和散热面积,油管的外面加装有横向或纵向的散热翅片(厚度为 0.2 ~ 0.3 mm 的铝片或铜片)。由于带有翅片式的冷却器散热面积是油管散热面积的 8 ~ 10 倍,因此,翅片式冷却器不仅冷却效果好,而且体积小、质量小。

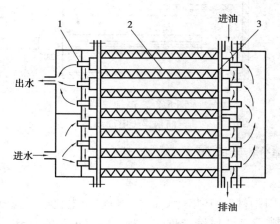

图 5.27　翅片式冷却器
1—水管;2—油管;3—翅片

2)风冷式冷却器

风冷式冷却器多采用自然通风冷却。常用的风冷式冷却器有翅管式和翅片式两大类。

翅管式风冷冷却器的油管外壁绕焊有铝或铜的翅片,其传热系数比油管提高 2 倍以上;翅片式风冷冷却器的结构原理与翅片式水冷冷却器(见图 5.27)相似。若采用强制通风冷却,冷却效果会更好。

(2)加热器

油箱的温度过低(<10 ℃)时,因油液黏度较高,不利于液压泵吸油和启动,因此,需要加热将油液温度提高到 15 ℃以上。

液压系统油液预加热的方法主要有以下 3 种:

1)利用流体阻力损失加热

一般先启动一台泵,让其全部油液在高压下经溢流阀流回油箱,泵的驱动功率完全转化为热能,使油温升高。

2)利用电加热器加热

电加热器有定型产品可选用,一般水平安装在油箱内,如图 5.28 所示。其加热部分全部浸入油中,严防因油液的蒸发导致油面降低使加热部分露出油面。安装位置应使油箱中的油液自然对流。因电加热器使用方便,易于自动控制温度,故应用较广泛。另外,由于油液电加热器一般性能较稳定,不易出现故障;当出现故障时,直接更换电加热器就可以了。

采用电加热器加热时,可根据计算所需功率选用电加热器的型号。单个加热器的功率不宜过大,以免其周围油液过度受热而变质,建议尽可能用多个电加热器的组合形式,以便于分级加热。同时,要注意电加热器长度的选取,以保证水平安装在油箱内。

3)采用蛇形管蒸汽加热

设置一独立的循环回路,油液流经蛇形管经蒸汽加热。值得注意的是,高温介质的温度不得超过 120 ℃,并且被加热的油液应有足够的流速,以免油液被烧焦。

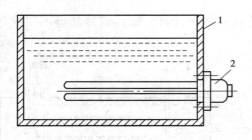

图 5.28　电加热器
1—油箱;2—电加热器

5.4.2　冷却器故障分析及排除

（1）油冷却器被腐蚀

产生腐蚀的主要原因是材料、环境（水质、气体）以及电化学反应三大要素。

选用耐腐蚀性的材料是防止腐蚀的重要措施。而目前油冷却器的冷却管多用散热性好的铜管制造,其离子体倾向较强,会因与不同种金属接触产生接触性腐蚀（电位差不同）。例如,在定孔盘、动孔盘及冷却铜管的管口处常见严重腐蚀现象。其解决办法:一是提高冷却水质,二是选用铝合金、钛合金制的冷却管。

另外,冷却器的环境包含溶存的氧、冷却水的水质（pH 值）、温度、流速及异物等因素。水中溶存的氧越多,腐蚀反应越激烈;在酸性环境中,pH 值降低,腐蚀反应越活泼,腐蚀越严重;在碱性环境中,对铝等两性金属,随 pH 值的增加,腐蚀的可能性增加;流速增大,一方面增加了金属表面的供氧量,另一方面流速过大,产生紊流、涡流,会产生气蚀性腐蚀;水中的砂石、微小颗粒附着在冷却管上,也往往产生局部侵蚀。

另外,氯离子的存在增加了使用液体的导电性,使得电化学反应引起的腐蚀加剧,特别是氯离子吸附在不锈钢、铝合金上还会局部破坏保护膜,引起孔蚀和应力腐蚀;通常温度升高,腐蚀加剧。

综上所述,为防止腐蚀,在冷却器选材和水质处理等方面应引起重视,前者往往难以改变,后者是可通过用户采用适当方法解决的。

（2）冷却性能下降

产生这一故障的原因主要是堵塞及沉积物滞留在冷却管壁上,结成硬块与管垢,使冷却器的散热、换热功能降低。另外,冷却水量不足、冷却器水（油）腔积气也均会造成散热、冷却性能下降。

其解决办法是:首先从设计上就应采用难以堵塞和易于清洗的结构;在选用冷却器的冷却能力（规格、型号）时,应尽量以实践为依据,并留有较大的余量,一般增加 10% ~ 25% 的容量;不得已时,采用机械的方法,如刷子、压力、水、蒸汽等擦洗与冲洗,或用化学的方法（如用 Na_2CO_3 溶液及清洗剂等）进行清洗;增加进水量或用温度较低的水进行冷却;拧下螺塞排气;清洗内外表面积垢。

5.5　油　箱

5.5.1　油箱简介

油箱在液压系统中的主要功用是储存液压系统所需的足够油液、散发油液中的热量、分离油液中的气体及沉淀污物等。另外,对中小型液压系统,往往把液压泵等装置安装在油箱顶板上,以使液压系统结构紧凑。

油箱有总体式和分离式两类。总体式油箱是与机械设备机体做成一体,利用机体某部分空腔作为油箱。此种形式结构紧凑,易于回收各种泄漏油;但散热条件差,易使邻近构件发生热变形,从而影响了机械设备精度,而且维修不方便,使机械设备结构复杂。分离式油箱是一个单独的、与主机分开的装置,布置灵活;维修保养方便;可减少油箱发热和液压振动对工作精度的影响;便于设计成通用化、系列化的产品,因而得到广泛的应用。

对一些小型液压设备,为了节省占地面积或者为了批量生产,常将液压泵与电动机装置及液压控制阀安装在分离油箱的顶部组成一体,称为液压站。对大中型液压设备,一般采用独立的分离式油箱,即油箱与液压泵、电动机及液压控制阀等装置分开放置。当液压泵与电动机安装在油箱侧面时,称为旁置式油箱;当液压泵与电动机安装在油箱下方时,称为下置式油箱(高架油箱)。

如图 5.29 所示为分离式油箱的结构示意图。要求较高的油箱还设有加热器、冷却器和油温测量装置等。

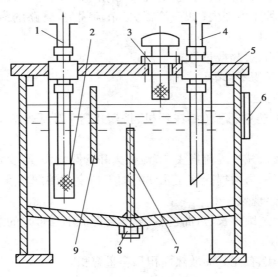

图 5.29　分离式油箱
1—吸油管;2—网式过滤器;3—空气过滤器;4—回油管;
5—顶盖;6—油面指示器;7,9—隔板;8—放油塞

油箱外形以立方体或长六面体为宜。最高油面只允许达到箱内高度的80%。油箱内壁需经喷丸、酸洗和表面清洗。液压泵、电动机和阀的集成装置可直接固定在顶盖上,也可安装

在专门设计的安装板上。安装板与顶盖间应垫上橡胶板,以缓冲振动。油箱底脚高度应为150 mm 以上,以便散热、搬运和放油。

液压泵的吸油管与液压系统回油管之间的距离应尽可能远,管口插入规定的最低油面以下,但离油箱底要大于管径的 2~3 倍,以免吸入空气和飞溅起泡。回油管口截成45°斜角,并且面向箱壁以增大通流截面,有利于散热和沉淀杂质。吸油管端部装有过滤器,并离油箱壁有3 倍管径的距离,以便从周围都能进油。阀的泄油管口应在液面之上,以免产生背压;但液压马达和液压泵的泄油管则应插入液面以下,以免产生气泡。

设置隔板的作用是将吸、回油区分开,迫使油液循环流动,以利散热和沉淀杂质。隔板高度可接近最高液面,如图 5.29 所示。通过设置隔板可获得较大的流程,并且与四壁保持接触,散热效果会更佳。

空气过滤器的作用是使油箱与大气相通,保证液压泵的吸油能力、除去空气中的灰尘、兼作加油口,一般将其布置在顶盖靠近油箱边缘处。液位计用于监测油位高度,其窗口尺寸应能满足对最高和最低液位的观察。

油箱底面做成双斜面,或向回油侧倾斜的单斜面。在最低处设置放油口。大容量油箱为便于清洗,常在侧壁上设置清洗窗。

5.5.2　油箱的故障分析与排除

(1)油箱温升严重

油箱常见故障是"温升",严重的温升会导致液压系统多种故障。

1)引起油箱温升严重的原因

①油箱设置在高热辐射源附近(如注塑机中使用的大功率加热装置),环境温度高。

②液压系统中的各种压力损失(如溢流损失、节流损失、管路的沿程损失及局部损失等)转化为热能,造成油液温升。

③油液黏度选择不当,过高或过低。

④油箱设计时散热面积不够等。

2)解决温升严重的办法

①尽量避开热源,但塑料机械(如注塑机、挤塑机等)因要熔融塑料,不可避免存在"热源"。

②正确设计液压系统,减少溢流损失、节流损失和管路损失,减少发热温升。

③正确选择液压元件,努力提高液压元件的加工精度和装配精度,减少泄漏损失、容积损失和机械损失带来的发热现象。

④正确配管:减少因过细过长、弯曲过多、分支与汇流不当带来的沿程损失和局部损失。

⑤正确选择油液黏度。

⑥油箱设计时,应考虑有充分的散热面积和容量容积。

(2)油箱内油液污染

油箱内油液污染物按污染来源可总结为三大类:残留污染、侵入污染和生成污染。

1)残留污染

例如,油漆剥落片、焊渣等。在装配前,必须严格清洗油箱内表面,并在去锈去油污后用油漆处理油箱内壁。

2）侵入污染

油箱应注意防尘密封,并在油箱顶部安设空气过滤器,使空气经过滤后再进入油箱。空气过滤器往往兼作注油口,现已有标准件(EF 型)出售。可配装 100 目左右的铜网滤油器,以过滤加进油箱的油液;也有用纸芯过滤的,效果更好,但与大气相通的能力稍差,故纸质滤芯的容量要大。

为了防止外界侵入油箱内的污物被吸进泵内,油箱内要安装隔板,以隔开回油区和吸油区。通过隔板,可延长回到油箱内油液的停留时间,可防止油液氧化变质,同时也利于污物的沉淀。隔板高度为油面高度的 3/4,如图 5.30 所示。

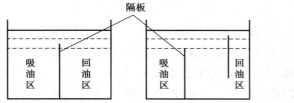

图 5.30　油箱内安装隔板

3）生成污染

①防止油箱内凝结水分的产生。一方面必须选择足够大容量的空气过滤器,以使油箱顶部受热的空气尽快排出,避免在冷的油箱盖上凝结成水珠掉落在油箱内;另一方面大容量的空气过滤器或通气孔,可消除油箱顶层的空间与大气的差异,防止因油箱内气压低于大气压时,大气中的粉尘侵入油箱内,产生侵入污染。

②使用防锈性能好的润滑油,减少磨损物的产生和防锈。

5.6　密封装置

密封可分为间隙密封和接触密封两种方式。间隙密封是依靠相对运动零件配合面的间隙来防止泄漏,其密封效果取决于间隙的大小、压力差、密封长度和零件表面质量;接触密封是靠密封件在装配时的预压缩力和工作时密封件在油液压力作用下发生弹性变形所产生的弹性接触压力来实现密封,其密封能力随油液压力的升高而提高,并在磨损后具有一定的自动补偿能力。目前,常用的密封件以其断面形状命名,有 O 形、Y 形、V 形等密封圈,其材料为耐油橡胶、尼龙等。另外,还有防尘圈、油封等。这里重点介绍接触密封的典型结构及使用特点。

5.6.1　O 形密封圈

O 形密封圈是一种使用最广泛的密封件。其截面为圆形,如图 5.31 所示。其主要材料为合成橡胶,主要用于静密封及滑动密封,转动密封用得较少。

O 形密封圈的截面直径在装入密封槽后一般压缩 8% ~ 25%。该压缩量使 O 形密封圈在工作介质没有压力或压力很低时,依靠自身的弹性变形密封接触面(见图 5.32(c))。当工作介质压力较高时,在压力的作用下,O 形密封圈被压到沟槽的另一侧(见图 5.32(d)),产生紧密接触,堵塞了介质泄漏的通道,起密封作用。如果工作介质的压力超过一定限度,O 形密封

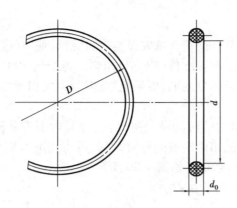

图 5.31　O 形密封圈

圈将从密封槽的间隙中被挤出（见图 5.32(e)）而受到破坏,以致密封效果降低或失去密封作用。为避免挤出现象,必要时加密封挡圈。在使用时,对动密封工况,当介质压力大于 10 MPa 时加挡圈;对静密封工况,当介质压力大于 32 MPa 时加挡圈。若 O 形密封圈单向受压,挡圈应加在非受压侧,如图 5.33(a)所示;若 O 形密封圈双向受压,则应在 O 形密封圈两侧同时加挡圈,如图 5.33(b)所示。挡圈材料常用聚四氟乙烯、尼龙等。采用挡圈后,会增加密封装置的摩擦阻力。

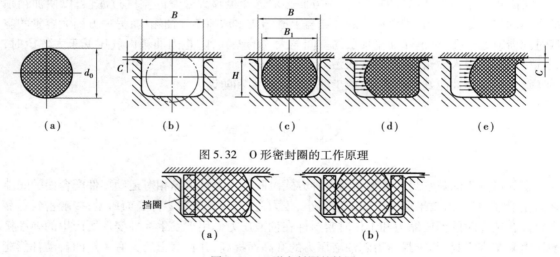

（a）　　　　　　（b）　　　　　　（c）　　　　　　（d）　　　　　　（e）

图 5.32　O 形密封圈的工作原理

挡圈

（a）　　　　　　　　　　　　（b）

图 5.33　O 形密封圈的挡圈

当 O 形密封圈用于动密封时,可采用内径密封或外径密封;用于静密封时,可采用角密封,如图 5.34 所示。

O 形密封圈的尺寸系列及安装用沟槽形式、尺寸与公差及 O 形密封圈规格、使用范围的选择可查阅有关国家标准及手册。

5.6.2　唇形密封圈

唇形密封圈是将密封圈的受压面制成某种唇形的密封件。工作时,唇口对着有压力的一边,当介质压力等于零或很低时,靠预压缩密封。压力高时,靠介质压力的作用将唇边紧贴密封面,压力越高,贴得越紧,密封越好。唇形密封圈按其截面形状可分为 Y 形、Yx 形、V 形、U

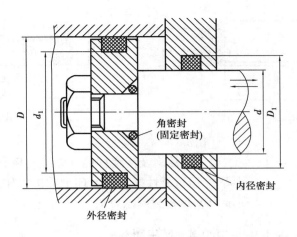

图 5.34　O 形密封圈用于角密封、端面密封、圆柱形内径及外径密封

形、L 形及 J 形等,主要用于往复运动件的密封。

(1)Y 形密封圈

Y 形密封圈截面形状如图 5.35 所示。其主要材料为丁腈橡胶,工作压力可达 20 MPa,工作温度为 -30 ~ 100 ℃。当压力波动大时,要加支承环(见图 5.36),以防止"翻转"现象。当工作压力超过 20 MPa 时,为防止密封圈挤入密封面间隙,应加保护垫圈,保护垫圈一般用聚四氟乙烯或夹布橡胶制成。

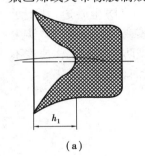

(a)

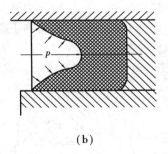

(b)

图 5.35　Y 形密封圈的截面形状及密封原理

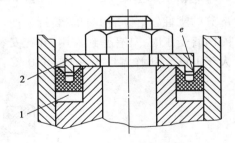

图 5.36　Y 形密封圈的支承环和挡圈
1—挡圈;2—支承环

Y 形密封圈由于内外唇边对称,因而适用于孔和轴的密封。孔用时,按内径选取密封圈;轴用时,按外径选取。由于一个 Y 形密封圈只能对一个方向的高压介质起密封作用,当两个方向交替出现高压时(如双作用缸),应安装两个 Y 形密封圈,它们的唇边分别对着各自的高压介质。

(2)Yx 形密封圈

Yx 形密封圈是一种截面高、宽比等于或大于 2 的 Y 形密封圈,如图 5.37 所示。主要材料为聚氨酯橡胶,工作温度为 -30 ~ 100 ℃。它克服了 Y 形密封圈易"翻转"的缺点,工作压力可达 31.5 MPa。

(3)V 形密封圈

V 形密封圈由压环、密封环和支承环组成。当密封压力高于 10 MPa 时,可增加密封环的数量。安装时,应注意方向,即开口面向高压介质。环的材料一般由橡胶或夹织物橡胶制成。

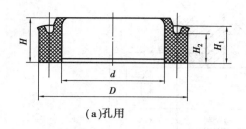

（a）孔用

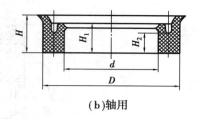

（b）轴用

图5.37 Yx形密封圈

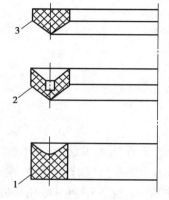

图5.38 V形密封圈
1—压环；2—密封环；3—支承环

它主要用于活塞及活塞杆的往复运动密封，密封性能较Y形密封圈差，但可靠性好。密封环个数按工作压力选取。如图5.38所示为V形密封圈示意图。

5.6.3 防尘圈

在液压缸中，防尘圈被设置于活塞杆或柱塞密封外侧，用以防止在活塞杆或柱塞运动期间，外界尘埃、砂粒等异物侵入液压缸；避免引起密封圈、导向环和支承环等的损伤和早期磨损，并污染工作介质，导致液压元件损坏。

（1）普通型防尘圈

普通型防尘圈呈舌形结构，如图5.39所示。它分为有骨架式和无骨架式两种。普通型防尘圈只有一个防尘唇边，其支承部分的刚性较好、结构简单、装拆方便。制作材料一般为耐磨的丁腈橡胶或聚氨酯橡胶。防尘圈内唇受压时，具有密封作用，并在安装沟槽接触处形成静密封。普通型防尘圈的工作速度不大于1 m/s，工作温度为 −30～110 ℃，工作介质为石油基液压油或水包油乳化液。

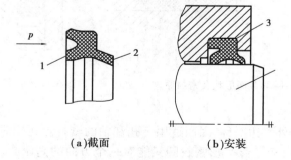

（a）截面　　　　　　（b）安装

图5.39 普通型防尘圈
1—内唇；2—防尘唇；3—防尘圈；4—轴

（2）旋转轴用防尘圈

旋转轴用防尘圈是一种用于旋转轴端面密封的防尘装置。其截面形状和安装情况如图5.40所示。防尘圈的密封唇缘紧贴轴颈表面，并随轴一起转动。由离心力的作用，斜面上的尘土等异物均被抛离密封部位，从而起到防尘和密封的作用。这种防尘圈的特点是结构简单、装拆方便、防尘效

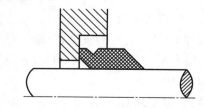

图5.40 旋转轴用防尘圈的截面形状和安装

果好,并且不受轴的偏心、振摆和跳动等影响,同时对轴无磨损。

除此之外,还有旋转轴唇形密封圈(油封)、胶密封、带密封及双向组合唇形密封,各有其特点。

5.6.4　密封元件的选择

密封件的品种、规格很多。在选用时,除了根据待密封部位的工作条件和要求选择相应的品种、规格外,还要注意其他问题,如工作介质的种类、工作温度(以密封部位的温度为基准)、压力的大小和波形、密封耦合面的滑移速度、"挤出"间隙的大小、密封件与耦合面的偏心程度、密封耦合面的粗糙度,以及密封件与安装槽的形式、结构、尺寸、位置等。

按上述原则选定的密封元件应满足如下基本要求:在工作压力下,应具有良好的密封性能,即在高压下泄漏没有明显增加;密封件长期在流体介质中工作,必须保证其材质与工作介质的相容性好;动密封装置的动、静摩擦阻力要小,摩擦因数要稳定;磨损小,使用寿命长;拆装方便,成本低等。

5.7　压力表及压力表开关

5.7.1　压力表

液压系统各部位的压力可通过压力表观测,以便调整和控制。压力表的种类很多,最常用的是弹簧管式压力表,如图 5.41 所示。

压力油进入扁截面金属弹簧弯管 1,弯管变形使其曲率半径加大,端部的位移通过杠杆 4 使齿扇 5 摆动。于是,与齿扇 5 啮合的小齿轮 6 带动指针 2 转动,即可由刻度盘 3 上读出压力值。

压力表有多种精度等级。普通精度的有 1,1.5,2.5 等精度等级;精密型的有 0.1,0.16,0.25 等精度等级。精度等级的数值是压力表最大误差占量程表的测量范围的百分数。例如,2.5级精度,量程为 6 MPa 的压力表,其最大误差为 $6 \times 2.5\%$ MPa(即 0.15 MPa)。一般机床的压力表采用 2.5～4 级精度即可。

用压力表测量压力时,被测压力不应超过压力表量程的 3/4。压力表必须直立安装,压力表接入压力管道时,应通过阻尼小孔,以防止被测压力突然升高而将表冲坏。

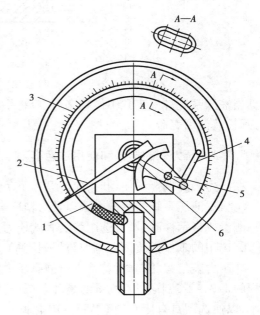

图 5.41　弹簧管式压力表
1—弹簧弯管;2—指针;3—刻度盘;
4—杠杆;5—齿扇;6—小齿轮

5.7.2 压力表开关

压力油路与压力表之间须装一压力表开关。实际上,它是一个小型的截止阀,用以接通或断开压力表与油路的通道。压力表开关有一点、三点、六点等形式。多点压力表开关,可使压力表油路分别与几个被测油路相连通,因此,一个压力表可检测多点处的压力。

如图 5.42 所示为六点压力表开关。图示位置为非测量位置,此时压力表油路经沟槽 a、小孔 b 与油箱连通。若将手柄向右推进去,沟槽 a 将把压力表油路与检测点处的油路连通,并将压力表油路与通往油箱的油路断开,这时便可测出该测量点的压力。如将手柄转到另一个测量点位置,则可测量出其相应压力。压力表中的过油通道很小,可防止表针的剧烈摆动。

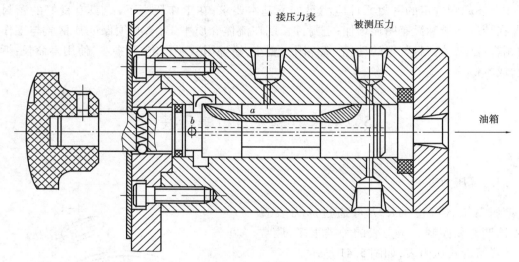

图 5.42 压力表开关

当液压系统进入正常工作状态后,应将手柄拉出,使压力表与系统油路断开,以保护压力表,延长其使用寿命。

5.7.3 压力表的选择和使用注意事项

在压力表的选择和使用时,应注意以下 7 点:

①根据液压系统的测试方法以及对精度等方面的要求选择合适的压力表。如果是一般的静态测量或指示性测量,可选用弹簧管式压力表。

②选用的工作介质(各种牌号的液压油)应对压力表的敏感元件无腐蚀作用。

③压力表量程的选择:若是进行静态压力测量或压力波动较小时,按测量范围为压力表满量程的 1/3 ~ 2/3 来选;若测量的是动态压力,则需要预先估计压力信号的波形和最高变化的频率,以便选用具有比此频率大 5 ~ 10 倍固有频率的压力表。

④为防止压力波动造成直读式压力表读数困难,常在压力表前安装阻尼装置。

⑤在安装时,使用聚四氟乙烯带或胶黏剂,且勿堵住油(气)孔。

⑥严格按照有关测试标准的规定来确定测压点的位置,除了具有耐大加速度和振动性能的压力传感器外,一般的仪表不宜装在有冲击和振动的地方。例如,液压阀的测试要求上游压点距离被测试阀为 $5d(d$ 为管道内径),下游测试点距离被测试阀为 $10d$,上游测压点距离扰

动源为 50d。

⑦装卸压力表时,切忌用手直接扳动表头,应使用合适的扳手操作。

思考题与习题

5.1　常用的油管接头形式有哪些?它们各适用在什么场合?

5.2　油管安装应注意哪些事项?

5.3　常用过滤器有哪几种?它们各适用于什么地方?

5.4　开式油箱与闭式油箱有何不同?

5.5　蓄能器有哪些用途?安装和使用时的注意事项有哪些?

5.6　常用冷却器有哪些?应如何选用?

5.7　密封的原理和作用是什么?常用密封元件有哪些?

第 **6** 章

液压控制阀

在液压系统中,用于控制液体流动方向、压力高低、流量大小的元件统称液压控制元件,简称液压阀。无论是简单还是复杂的液压系统,都少不了液压阀。液压阀的性能是否可靠,关系着整个液压系统能否正常工作。

6.1 概 述

在液压系统中,各类控制阀虽然形式不同,控制功能也各有差异,但都具有一些相同的共性。例如,从结构上看,所有的阀都由阀体、阀芯(转阀或滑阀)和驱使阀芯在阀体内移动的装置(如弹簧、电磁铁等)组成;从工作原理上看,都是利用阀芯在阀体内移动来控制阀口的通断及开口大小,从而实现压力、流量和方向的控制。

6.1.1 液压阀的类型

(1)按结构形式划分

1)滑阀

滑阀的阀芯为圆柱形,阀芯上有台肩,阀芯台肩的大小直径分别为 D 和 d;与进出油口对应的阀体上开有沉割槽,一般为全圆周;阀芯在阀体孔内作相对运动,开启或关闭阀口,如图6.1(a)所示。

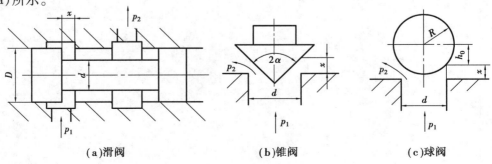

(a)滑阀   (b)锥阀   (c)球阀

图6.1 阀的结构形式

2）锥阀

锥阀阀芯半锥角 α 一般为 $12°\sim20°$，有时为 $45°$。阀口关闭时为线密封，不仅密封性好，而且开启阀口时无死区，阀芯稍有位移即开启，动作很灵敏，如图6.1(b)所示。

3）球阀

球阀的性能与锥阀相同，如图6.1(c)所示。

（2）按用途划分

液压阀可分为压力控制阀、流量控制阀和方向控制阀。

1）压力控制阀

压力控制阀是用来控制或调节液压系统液流压力，以及利用压力作为信号控制其他元件的阀。例如，溢流阀、减压阀、顺序阀及压力继电器等都是压力控制阀。

2）流量控制阀

流量控制阀是用来控制或调节液压系统液流流量的阀。例如，节流阀、调速阀、二通比例流量阀及溢流节流阀等都是流量控制阀。

3）方向控制阀

方向控制阀是用来控制和改变液压系统中液流方向的阀。例如，单向阀、液控单向阀和换向阀等都是方向控制阀。

（3）按控制原理划分

液压阀可分为开关阀、比例阀、伺服阀及数字阀。开关阀是指被控制量为定值或阀口启闭控制液流通路的阀类，包括普通控制阀、插装阀和叠加阀。

（4）按安装连接形式划分

1）管式连接

管式连接又称螺纹连接，阀体进出油口由螺纹或法兰直接与油管连接，安装方式简单，但元件布置较为分散，装卸与维修不太方便。

2）板式连接

元件布置的较为集中，进而对其操纵、调整、维护都较方便。在拆卸时，无须拆卸与之相连接的其他元件，如图6.2所示。

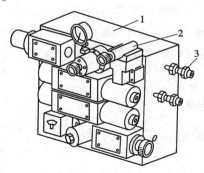

图6.2　板式连接

1—油路板；2—阀体；3—管接头

3）插装式连接（集成连接）

它是适应液压系统集成化而发展起来的一种新型安装连接方式，如图6.3所示。

4)叠加式连接

因无须管道连接,故结构紧凑,压力损失很小,如图6.4所示。

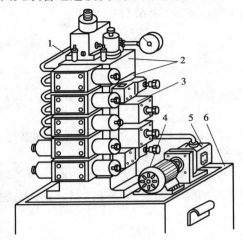

图6.3 集成连接

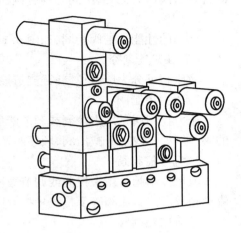

图6.4 叠加式连接

1—油管;2—集成块;3—阀;4—电动机;5—液压泵;6—油箱

6.1.2 对液压控制元件的基本要求

①密封性能好,内泄漏少,无外泄漏。

②结构简单紧凑、体积小。

③动作灵敏,使用可靠。

④油液通过液压阀时压力损失小。

⑤安装、维护、调整方便,通用性好。

6.1.3 液压阀的基本结构与原理

所有液压阀都是由阀体、阀芯和驱动阀芯动作的元件组成的。液压阀是利用阀芯在阀体内的相对运动来控制阀口的通断及开口大小,来实现压力、流量和方向控制的。液压阀的开口大小、进出口间的压力差以及通过阀的流量之间的关系都符合孔口流量公式,只是各种阀控制的参数各不相同。

6.1.4 液压阀的基本性能参数

其主要基本性能参数有阀的规格、额定压力和额定流量。

(1)公称通径(名义通径)

阀的公称通径是指阀内孔径大小。它是表征阀的规格大小的性能参数。高压系列的液压阀常用公称通径 Dg(单位 mm)来表示。公称通径表征阀的通流能力和所配管道的尺寸规格。

(2)额定压力

液压阀连续工作所允许的最高压力,称为额定压力。压力控制阀的实际最高压力与阀的调压范围有关。

（3）液压阀的额定流量

额定流量是指液压阀在额定工况下的名义流量。国产中低压 $l\leqslant 6.3$ MPa 液压阀,常用额定流量来表示阀的通流能力。

6.2 方向控制阀

方向控制阀通过控制阀口的启闭来控制油路的通断或改变流体的流动方向,从而改变执行元件的启动、停止或改变其运动方向。它主要有单向阀和换向阀两大类。单向阀可分普通单向阀和液控单向阀。换向阀按操纵阀芯移动的方式不同,可分为手动换向阀、机动换向阀、电磁换向阀、液动换向阀及电液换向阀等。

6.2.1 单向阀

单向阀有普通单向阀和液控单向阀两种。

（1）普通单向阀

普通单向阀简称单向阀,是一种只允许油液正向流动,不允许逆向倒流的阀。按进出油液流向的不同,可分为直通式（见图6.5(a)）和直角式（见图6.5(b)）两种结构,它由阀体、阀芯和弹簧组成。图6.5(c)所示为单向阀的图形符号。

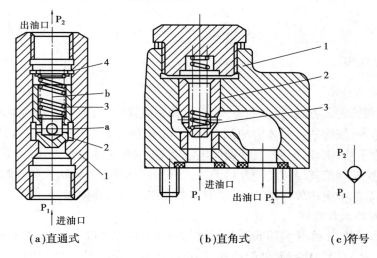

（a）直通式　　　　　　　（b）直角式　　　　　（c）符号

图6.5 普通单向阀

1—阀体;2—阀芯;3—弹簧;4—挡圈

单向阀一般由阀体、阀芯和复位弹簧等零件组成。其工作原理是:工作时压力油从进油口 P_1 流入,作用在阀芯上的液压力克服弹簧力和摩擦力将阀芯顶开,于是油液从出油口 P_2 流出。当油液反向流入时,液压力和弹簧力将阀芯紧压在阀座上,阀口关闭,油路不通。单向阀常安装在泵的出口,防止系统的压力冲击影响泵的正常工作,或泵不工作时防止油液倒流回油箱。单向阀的弹簧主要用来克服阀芯的摩擦阻力和惯性力,使阀芯可靠复位,为了减小油液正向通过时的阻力损失,一般选用的弹簧刚度很小。一般单向阀的开启压力为 0.03 ~ 0.05 MPa;当利用单向阀作背压阀时,应换上刚度大的弹簧,使阀的开启压力达到 0.2 ~ 0.6 MPa

之间。

（2）液控单向阀

如图 6.6 所示为液控单向阀。由图可知，液控单向阀在结构上比普通单向阀多一个控制油口 K、控制活塞 1 和顶杆 2。液控单向阀由普通单向阀和液控装置两部分组成。其工作原理是：当控制油口 K 不通压力油时，作用同普通单向阀，即只允许油液由 P_1 口流向 P_2 口；当控制油口 K 通压力油时，推动活塞 1 右移并通过顶杆 2 将单向阀阀芯 3 向右顶，P_1 与 P_2 相通，油液可在两个方向自由流通。当控制油入口的控制油路切断后，恢复单向流动。液控单向阀的图形符号如图 6.6(b) 所示。

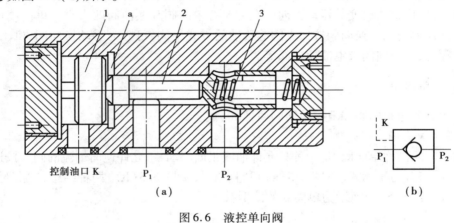

图 6.6　液控单向阀
1—活塞；2—顶杆；3—阀芯

6.2.2　换向阀

（1）换向阀的分类

换向阀按阀的安装方式，可分为管式、板式和集成式等；按阀体连通的主油路数，可分为二通、三通和四通等；按阀芯在阀体内的工作位置，可分为二位、三位和四位等；按操纵阀芯运动的方式，可分为手动、机动、电磁动、液动及电液动等；按阀芯的定位方式，可分为钢球定位和弹簧复位两种。换向阀按其结构类型及运动方式，可分为滑阀式、转阀式和锥阀式，其中，滑阀式换向阀在液压系统中应用较广泛，因此本节主要介绍滑阀式换向阀。

（2）换向阀的工作原理

滑阀式换向阀的工作是利用阀芯与阀体的相对工作位置改变，使油路连通、断开或变换油液流动的方向，从而控制执行元件的启动、停止或换向。换向阀的工作原理如图 6.7 所示。当阀芯处于图示位置时，液压缸两腔不通液压油，活塞处于停止状态。若使换向阀的阀芯左移，阀体上的油口 P 和 A 连通、B 和 T 连通。这时，液压油经 P 至 A 进入液压缸左腔，右腔油液经 B 至 T 回油箱，活塞向右运动；反之，若使阀芯右移，则 P 和 B 连通，A 和 T 连通，活塞便向左运动。

（3）图形符号

一个换向阀完整的图形符号包括工作位置数、通路数、在各个位置上油口连通关系、操纵方式、复位方式及定位方式等。

换向阀图形符号的含义如下：

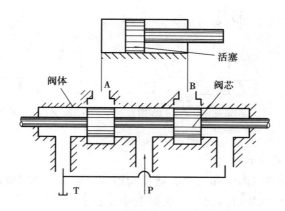

图6.7 换向阀的工作原理图

①方框表示阀的工作位置,有几个方框就表示有几"位"。

②方框内的箭头表示在这一位置上油路处于接通状态,但箭头方向并不一定表示液流的实际流向。方框内符号"┳"或"┴"表示此通路被阀芯封闭,即该油路不通。

③一个方框中箭头首尾或封闭符号与方框的交点表示阀的接出通路,其交点数即为滑阀的通路数。

④靠近操纵方式的方框,为控制力作用下的工作位置。

⑤一般情况下,阀与系统供油路连接的进油口用字母 P 表示;阀与系统回油路连接的回油口用字母 T 表示(或字母 O);而阀与执行元件连接的工作油口则用字母 A、B 表示。

表6.1列出了几种常用换向阀的结构原理、图形符号及其使用场合。

表6.1 换向阀的结构原理与图形符号

名 称	结构原理图	图形符号	使用场合
二位二通			控制油路的接通与切断,常用作液压开关
二位三通			控制液流方向(从一个方向变换成另一个方向)
二位五通			不能使执行元件在任一位置上停止运动
二位四通			不能使执行元件在任一位置上停止运动
三位四通			能使执行元件在任一位置上停止运动

常见的滑阀操纵方式如图6.8所示。

(a)手动　　(b)机动　　(c)电磁动　　(d)弹簧控制　　(e)液动　　(f)液压先导控制　　(g)电液控制

图6.8　滑阀操纵方式

(4)滑阀式换向阀的中位机能

对各种操纵方式的三位四通和三位五通换向滑阀,阀芯在中间位置时各油口的连通情况称为换向阀的中位机能,也称滑阀机能。不同的中位机能,可满足液压系统的不同要求。常用换向阀的各种中位形式、作用及特点见表6.2。

表6.2　三位四通换向阀的中位机能(设左上、右上、左下、右下分别有 A,B,P,T 口)

中位形式	符号	中位油口状况、特点及应用
O	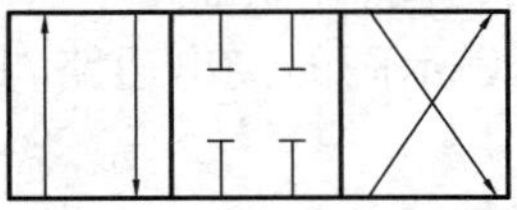	各油口全部封闭,液压缸两腔闭锁、液压泵不卸载,可用于多个换向阀并联工作
H	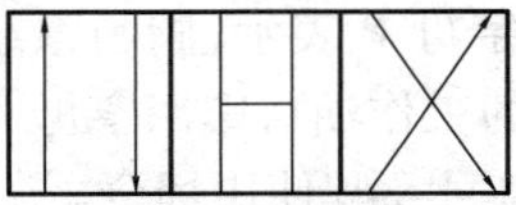	各油口互通,液压缸浮动,液压泵卸载
Y	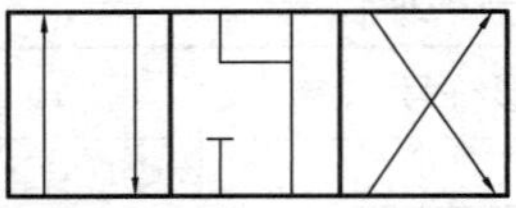	油口 A,B 通回油口 T、油口 P 封闭,液压泵不卸载,液压缸成浮动状态
P	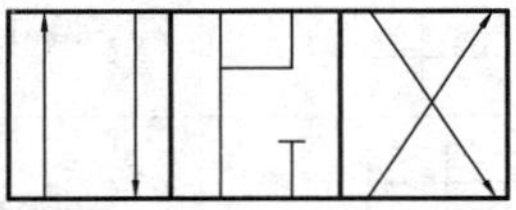	P,A,B 互通,T 口封闭,可组成液压缸的差动回路
M	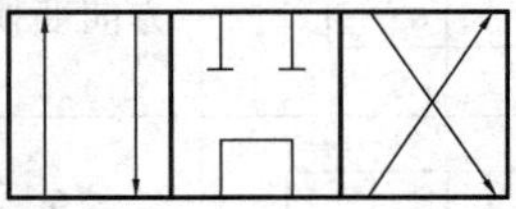	油口 P 与 T 通,A,B 油口封闭,液压泵卸载,液压缸两腔闭锁
K	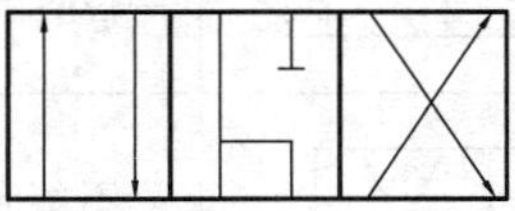	P,A,T 三油口相通,B 口封闭,液压缸一腔闭锁,液压泵卸载
D	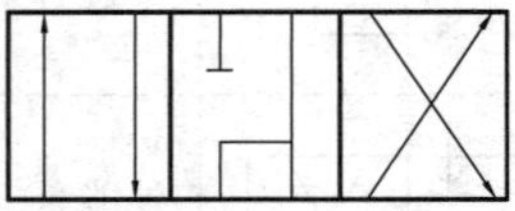	油口 P,B,T 互通,油口 A 封闭,液压缸一腔闭锁,液压泵卸载

续表

中位形式	符　号	中位油口状况、特点及应用
C	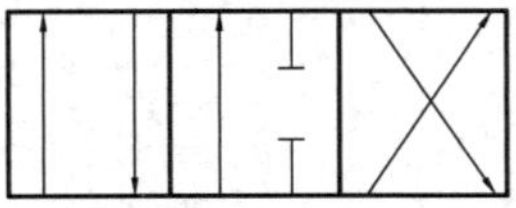	油口 P 与 A 通,B 和 T 封闭,液压缸一腔闭锁,液压泵不卸载
X	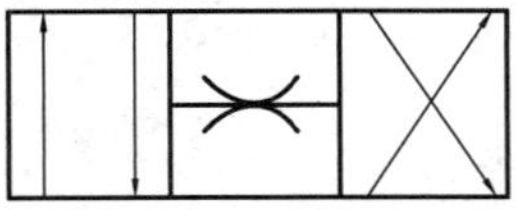	各油口半开启接通,液压泵压力油在一定压力下回油箱
J	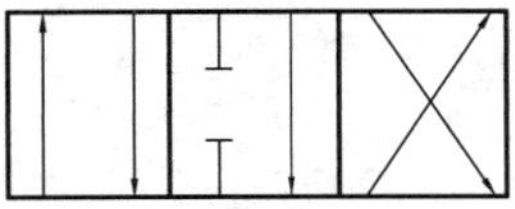	P 与 A 口封闭,B 与 T 口相通,活塞停止,外力作用下可向一边移动,液压泵不卸载
N	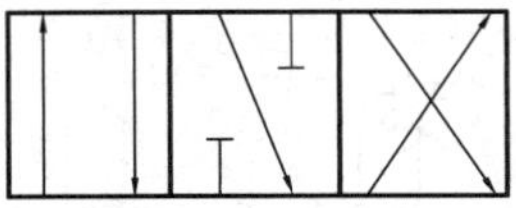	P 和 B 口皆封闭,A 与 T 相通,与 J 型换向阀机能相似,只是 A 与 B 互换了,功能也类似
U	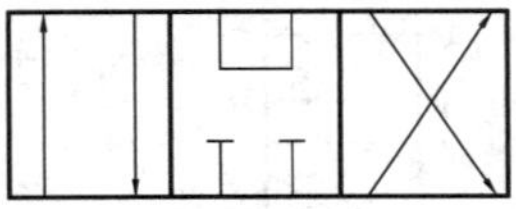	P 和 T 口都封闭,A 与 B 相通,液压缸浮动,在外力作用下可移动,液压泵不卸载

（5）几种常见的换向阀

1）机动换向阀

机动换向阀又称行程阀,它必须安装在液压缸附近,由运动部件上安装的挡块或凸轮（或滚轮）压下阀芯使阀换位。如图 6.9 所示为二位四通机动换向阀的结构原理及符号。机动换向阀通常是弹簧复位式的二位阀。其结构简单,动作可靠,换向位置精度高,通过改变挡块的迎角 α 和凸轮外形,可使阀芯获得合适的换位速度,以减少换向冲击。

2）电磁换向阀

电磁换向阀是利用电磁铁吸力操纵阀芯换位的换向阀。如图 6.10 所示为三位四通电磁换向阀的结构原理图及其符号。阀的两端各有一个电磁铁和一个对中弹簧,阀芯在常态时处于中位。当右端电磁铁通电吸合时,衔铁通过推杆将阀芯推至左端,换向阀就在右位工作;反之,左端电磁铁通电吸合时,换向阀就在左位工作。

如图 6.11 所示为二位四通电磁换向阀的图形符号。如图 6.11（a）所示为弹簧复位式,如图6.12（b）所示为双电磁铁钢球定位式。

3）液动换向阀

液动换向阀是利用压力油来推动阀芯移动的换向阀。液动换向阀的结构原理及其图形符号如图 6.12 所示。当控制压力油从控制口 K 输入后,阀芯在压力油的作用下,压缩弹簧产生位移,使阀换位。其工作原理与电磁阀相似。

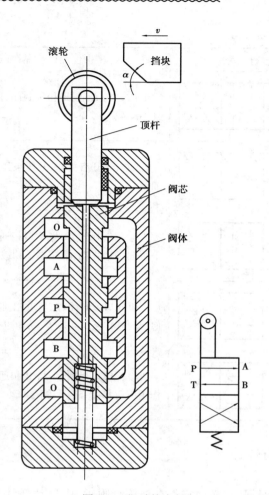

图 6.9 机动换向阀

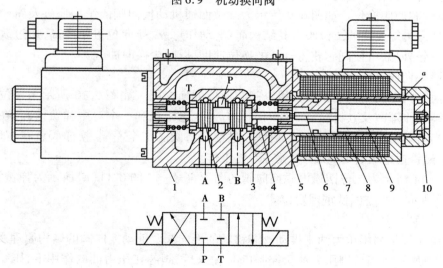

图 6.10 电磁换向阀

1—阀体;2—阀芯;3—弹簧座;4—弹簧;5—挡块;6—推杆;7—线圈;8—密封导磁套;9—衔铁;10—防气螺钉

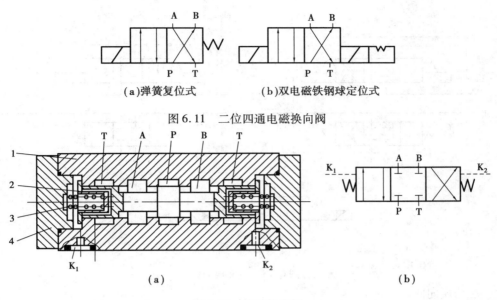

（a）弹簧复位式　　　　　（b）双电磁铁钢球定位式

图 6.11　二位四通电磁换向阀

图 6.12　液动换向阀
1—阀体;2—阀芯;3 弹簧;4—端盖

4）电液换向阀

将电磁阀与液动阀组合在一起组成电液换向阀。电磁阀（称先导阀）用于改变控制油的流动方向,从而导致液动阀（称主阀）换向,改变主油路的通路状态。

如图 6.13 所示为电液换向阀的结构原理及符号。其中,如图 6.13（a）所示为两端带主阀芯行程调节机构的结构图。常态时,先导阀和主阀都处于中位,控制油路和主油路均不进油。当左端电磁铁通电时,先导阀处于左位工作,控制油自 P′经先导阀作用在主阀左腔 K_1,使主阀换向处于左位工作,主阀右端油腔 K_2 经先导阀回油至油箱,此时,主油路 P 与 B、同时 A 与 T 相通;反之,当先导阀左电磁铁断电,右电磁铁通电时,则主油路油口换接,此时,P 与 A、B 与 T 相通,实现了换向。如图 6.13（d）所示为电液换向阀简化符号。在回路中常以简化的符号表示。

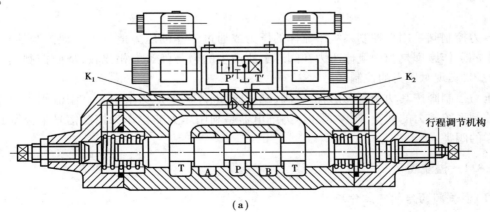

（a）

101

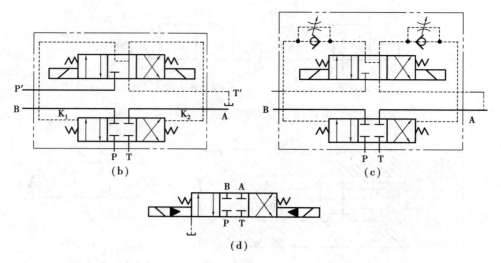

图 6.13　电液换向阀

5）手动换向阀

手动换向阀是用手动杠杆操纵阀芯换位的换向阀。如图 6.14 所示为手动换向阀的符号。按换向定位方式不同,可分为钢球定位式(见图 6.14(a))和弹簧复位式(见图 6.14(b))两种。

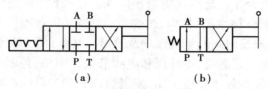

图 6.14　手动换向阀的符号

6.3　压力控制阀

压力控制阀是用来控制系统中流体的压力或通过流体的压力信号来实现控制的一类阀。其基本的工作原理是利用流体压力在阀芯上所产生的力与弹簧力相比较,从而控制阀口的开启和关闭,实现对压力的控制。

压力控制阀按其功能,可分为溢流阀、减压阀、顺序阀及压力继电器。溢流阀和减压阀是用来控制系统压力的阀类,顺序阀和压力继电器是利用压力变化作为控制信号来控制其他元件动作的阀类。

6.3.1　溢流阀

（1）溢流阀的结构及工作原理

溢流阀的功用是当系统的压力达到其调压弹簧的调定值时阀口开启而开始溢流,将系统的压力基本稳定在某一调定的数值上。溢流阀按调压性能和结构形式不同,可分为直动式溢流阀和先导式溢流阀两大类。

1)直动式溢流阀

如图 6.15(a)所示为直动式溢流阀的结构原理图。如图 6.15(b)所示为直动式溢流阀的图形符号,也是溢流阀的一般符号。

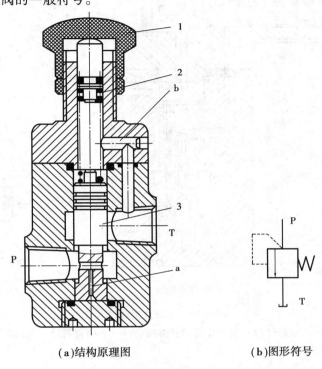

(a)结构原理图　　　　　　　　　(b)图形符号

图 6.15　直动式溢流阀

1—调节螺母;2—调压弹簧;3—阀芯

来自进油口 P 的压力油经阀芯 3 上的径向孔和阻尼孔 a 通入阀芯的底部,阀芯的下端便受到压力为 p 的油液的作用,如果作用面积为 A,则压力作用于该面上的力为 p_A。调压弹簧 2 作用在阀芯上的预紧力为 F_s。当进油口压力 p 不高时($p_A < F_s$),阀芯 3 处于下端(见图示位置),将进油的阀口 P 和回油口 T 隔开,即不溢流。当进口 P 油压升高到能克服弹簧阻力(即 $P_A > F_s$)时,便推开锥阀芯上移,使阀口打开,油液就从进油口 P 流入,再从回油口 T 流回油箱。

2)先导式溢流阀

如图 6.16(a)所示为先导式溢流阀的结构原理图。它们由先导阀和主阀两部分组成。压力油从进油口进入进油腔 P 后,经主阀芯 5 的轴向孔 f 进入主阀芯下端的控制油腔,同时油液又经阻尼孔 e 进入主阀芯上端的弹簧腔,再经孔 c 和 b 作用于先导阀的锥阀芯 3 上,此时远程控制口 K 不接通。当系统压力较低时,先导阀关闭,主阀芯上下两端压力相等,主阀芯在平衡弹簧 4 的作用下处于最下端(见图示位置),主阀溢流口封闭。当系统压力升高时,主阀上腔的压力也随之升高,直至大于先导阀调压弹簧 2 的调定压力时,先导阀被打开,主阀上腔的压力油经锥阀阀口、小孔 a、油腔 T 流回油箱。

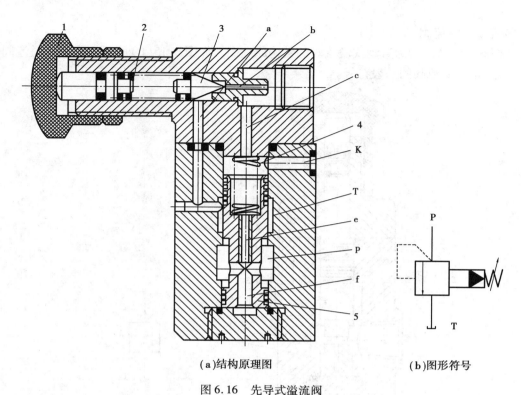

（a）结构原理图　　　　　　　（b）图形符号

图 6.16　先导式溢流阀

1—调整螺母;2—调压弹簧;3—锥阀芯;4—平衡弹簧;5—主阀芯

（2）溢流阀的应用

1）调压溢流

在采用定量泵供油的液压系统中,溢流阀通常并联在液压泵的出口处,在液压缸进油路或回油路上设置节流阀或调速阀,使泵输出油液的一部分进入液压缸工作,而多余的油液须经溢流阀流回油箱,溢流阀处于其调定压力下的常开状态。调节弹簧的压紧力,也就调节了系统的工作压力。因此,在这种情况下,溢流阀的作用即为调压溢流,如图 6.17（a）所示。

2）安全保护

液压系统采用变量泵供油时,系统内没有多余的油液需要溢流,其工作压力由负载决定。这时与泵并联的溢流阀只有在过载时才需打开,以保障系统的安全。因此,这种系统中的溢流阀又称安全阀,也是常闭的,如图 6.17（b）所示。

3）使泵卸荷

如图 6.17（c）所示,先导型溢流阀对泵起调压溢流作用。当二位二通阀的电磁铁通电后,溢流阀的外控口与油箱接通,此时,由于主阀弹簧很软,主阀芯在进口压力很低的情况下,即可迅速抬起,使泵卸荷,以减少能量消耗。此时,泵接近于空载运转,功耗很小,即处于卸荷状态。

4）远程调压

当先导式溢流阀的外控口（远程控制口）与调压较低的溢流阀（或远程调压阀）连通时,其主阀芯上腔的油压只要达到低压阀的调整压力,主阀芯即可抬起溢流（其先导式溢流阀不再起调压作用）,即实现远程调压,如图 6.17（d）所示。

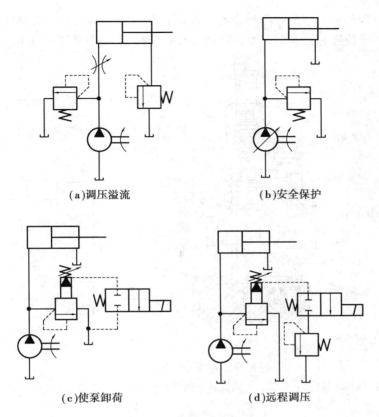

(a)调压溢流　　　　　　　　(b)安全保护

(c)使泵卸荷　　　　　　　　(d)远程调压

图 6.17　溢流阀的作用

6.3.2　顺序阀

顺序阀是利用液压系统中的压力变化来控制油路的通断,从而实现多个液压执行元件按预定的顺序动作。顺序阀按其结构可分为直动式和先导式;按控制液压油来源又有内控式和外控式。

(1)顺序阀的结构和工作原理

如图 6.18(a)为直动式顺序阀。外控口 K 用螺塞堵住,外泄油口 L 通油箱。压力油从进油口 P_1(两个)通入,经阀体上的孔道 a 和端盖上的阻尼孔 b 流到控制活塞底部。当其推力能克服阀芯上调压弹簧的阻力时,阀芯上升,使进、出油口 P_1 和 P_2 连通。经阀芯与阀体间的缝隙进入弹簧腔的泄漏油从外泄口 L 泄入油箱。此种油口连通情况称为内控外泄顺序阀,其符号如图 6.18(b)所示。如果将图 6.18(a)中的端盖旋转 90°或 180°,切断进油流往控制活塞下腔的通路,并去除外控口的螺塞,引入控制压力油,便称为外控外泄式顺序阀,如图 6.18(c)所示。若将阀盖旋转 90°,可使弹簧腔与出口 P_2 相连(图中未剖出),并将外泄口 L 堵塞,便成为外控内泄式顺序阀,如图 6.18(d)所示。外控内泄式顺序阀常用于使泵卸荷,故称卸荷阀。

(2)顺序阀的应用

1)顺序动作回路

如图 6.19 所示为机床夹具上用顺序阀实现工件先定位后夹紧的顺序动作回路。当换向阀右位工作时,压力油首先进入定位缸下腔,完成定位动作后,系统压力升高,达到顺序阀调定压力时,顺序阀打开,压力油经顺序阀进入夹紧缸下腔,实现液压夹紧。当换向阀左位工作时,压力油同时进入定位缸和夹紧缸上腔,拔出定位销,松开工件,夹紧缸通过单向阀回油。

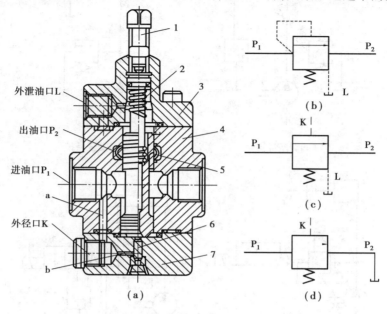

图 6.18　直动式顺序阀及符号

1—调节螺钉;2—弹簧;3—阀盖;4—阀体;5—阀芯;6—控制活塞;7—端盖

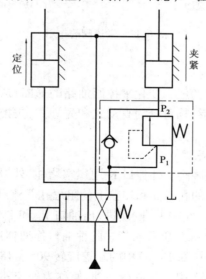

图 6.19　顺序阀的顺序动作回路

2)平衡回路

为了保持垂直或倾斜安装的液压缸不因自重而自行下滑,可采用如图 6.20 所示的平衡回路将单向阀与顺序阀并联构成的单向顺序阀接入回路,起平衡作用。

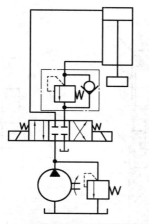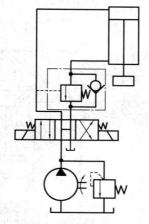

　　(a)用单向顺序阀的平衡回路　　　(b)用液控顺序阀的平衡回路

图 6.20　平衡回路

6.3.3　减压阀

　　减压阀是一种利用油液流过缝隙时产生压力损失从而使出口压力低于进口压力的压力控制阀。减压阀按其调节要求不同可分为 3 种:用于保证出口压力恒定的定值减压阀;用于保证进、出口压力差恒定的定差减压阀;用于保证进、出口压力成一定比例的定比减压阀。

　　(1)减压阀的结构及其工作原理

　　定值减压阀根据结构不同,可分为直动式和先导式两种。如图 6.21 所示为先导式减压阀的结构原理和图形符号。减压阀的主要组成部分与溢流阀相同,外形相似。其不同点是:主阀芯结构不同,溢流阀主阀芯有 2 个台肩,而减压阀主阀芯有 3 个台肩;在常态下,溢流阀的进、出油口是常闭的,而减压阀的进、出油口是常开的;控制阀口开启的油压:溢流阀是来自进口油压,保证进口压力恒定,而减压阀来自出口油压,保证出口压力恒定;溢流阀弹簧腔的油液在阀体内引至回油口(内泄式),而减压阀出口油液通执行元件,因此,泄漏油单独引回油箱(外泄式)。

　　(2)减压阀的应用

　　减压阀在夹紧油路、控制油路和润滑油路中应用较多。如图 6.22 所示为减压阀用于夹紧油路的原理图。液压泵除供给主油路压力油外,还经分支油路上的减压阀为夹紧缸提供较泵油压力低且稳定压力油,其夹紧力大小由减压阀来调节控制。

6.3.4　压力继电器

　　压力继电器是一种将油液的压力信号转换为电信号的转换元件。按压力与位移转换装置的结构,可分为柱塞式、弹簧管式、膜片式和波纹管式 4 类。其中,以柱塞式最常用。

　　如图 6.23 所示为单柱塞式压力继电器的工作原理图和图形符号。液压油从油口 P 通入后作用在柱塞 1 的底部,若其压力已达到弹簧的调定值,它便克服弹簧的阻力和柱塞表面的摩擦力,推动柱塞上升,通过顶杆 2 触动微动开关 4,发出电信号。调节螺钉 3 可改变弹簧的压缩量,相应地调节了发出电信号时的控制油压力。当系统压力较低时,在弹簧力的作用下,柱塞下移,压力继电器复位,切断电信号。

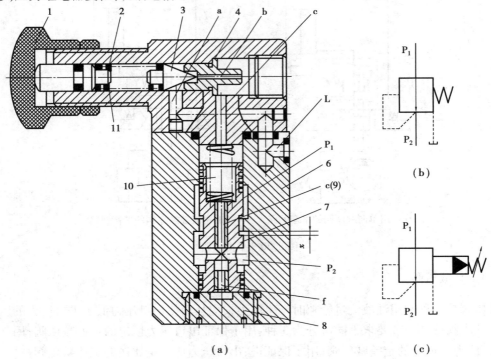

图 6.21　先导式减压阀

1—调压手轮;2—调节螺钉;3—锥阀;4—锥阀座;5—阀盖;6—阀体;

7—主阀芯;8—端盖;9—阻尼孔;10—主阀弹簧;11—调压弹簧

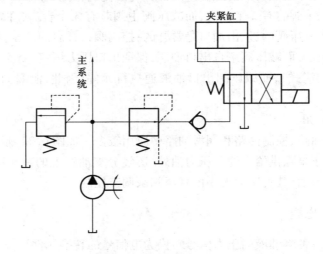

图 6.22　减压阀的应用

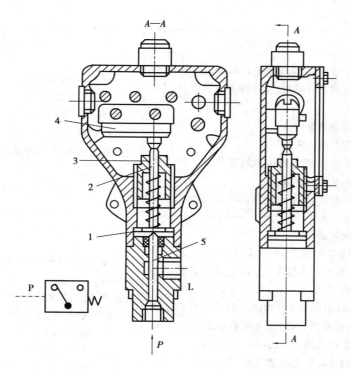

图 6.23　单柱塞式压力继电器

1—限位挡块;2—顶杆;3—调节螺钉;4—微动开关;5—柱塞

6.3.5　压力控制阀的常见故障及排除方法

(1)溢流阀的常见故障及排除方法

溢流阀的常见故障及排除方法见表 6.3。

表 6.3　溢流阀的常见故障及排除方法

故障现象	产生原因	排除方法
压力上不去,达不到调定压力,溢流阀提前开启	1. 主阀芯与阀套配合间隙内有污物或主阀芯卡死在打开位置 2. 主阀芯阻尼小孔内有污物堵塞 3. 主阀芯弹簧漏装或折断 4. 先导阀(针形)与阀座之间有污物黏附,不能密合 5. 先导阀(针形)与阀座之间密合处产生磨损;针形阀有拉伤、磨损环状凹坑或阀座成锯齿状甚至有缺口 6. 调压弹簧失效 7. 调压弹簧压缩量不够 8. 远控口未堵住(对安装在多路阀内的溢流阀,若需要溢流阀卸荷,其远控口是由其他方向阀的阀杆移动堵住的)	1. 拆卸清洗;用尼龙刷等清除主阀芯卸荷槽尖棱边的毛刺;保证阀芯与阀套配合间隙在 0.008 ~ 0.015 mm 2. 清洗主阀芯,并用 $\phi0.8$mm 细钢丝通小孔,或用压缩空气吹通 3. 加装主阀芯弹簧或更换主阀芯平衡弹簧 4. 清洗先导阀 5. 更换针形阀与阀座 6. 更换失效弹簧 7. 重调弹簧,并拧紧紧固螺母 8. 查明原因,保证泵不卸荷,远控口与油箱之间堵死

续表

故障现象	产生原因	排除方法
当进口压力超过调定压力时,溢流阀也不能开启	1. 由于主阀芯与阀套配合间隙内卡有污物或主阀芯有毛刺,使主阀芯卡死在关闭位置上 2. 调压弹簧失效 3. 主阀芯液压卡紧 4. 主阀芯弹簧与调压弹簧装反或主阀芯弹簧误装成较硬弹簧 5. 调压弹簧腔的泄油孔通道有污物堵塞	1. 拆卸清洗;用尼龙刷等清除主阀芯卸荷槽尖棱边的毛刺;保证阀芯与阀套配合间隙为 0.008~0.015mm 2. 更换弹簧 3. 恢复主阀精度,补卸荷槽;更换主阀芯 4. 检查更正重装 5. 清洗,并用压缩空气吹净
压力振摆大,噪声大	1. 主阀芯弹簧腔内积存空气 2. 主阀芯与阀套间有污物、或主阀芯有毛刺、配合间隙过大、过小,使主阀芯移动不规则 3. 先导阀(针形)与阀座之间密合处产生磨损;针形阀有拉伤、磨损环状凹坑或阀座成锯齿状甚至有缺口 4. 主阀芯阻尼孔时堵时通 5. 主阀芯弹簧或调压弹簧失去弹性,使阀芯运动不规则 6. 主阀芯弹簧与调压弹簧装反或主阀芯弹簧误装成较硬弹簧 7. 二级同心的溢流阀同心度不够	1. 使溢流阀在高压下开启低压开关反复数次 2. 拆卸清洗;用尼龙刷等清除主阀芯卸荷槽尖棱边的毛刺;保证阀芯与阀套配合间隙为 0.008~0.015mm 3. 更换针形阀与阀座 4. 清洗,并酌情更换变质的液压油 5. 检查更换 6. 检查更正重装 7. 更换不合格产品

(2)减压阀的常见故障及排除方法

减压阀的常见故障及排除方法见表6.4。

表6.4　减压阀的常见故障及排除方法

故障现象	产生原因	排除方法
不起减压作用,出油口几乎等于进油口压力	1. 主阀芯与阀体孔之间间隙里有污物,主阀芯与阀体孔的形位公差超差产生液压卡紧;主阀芯或阀体棱边上有毛刺没除去,造成主阀芯卡死在全开位置 2. 主阀芯表面或阀孔拉毛,配合间隙过小 3. 主阀芯短阻尼孔堵塞 4. 泄油孔油塞未拧出 5. 拆修后顶盖方向装错,使输出油孔与泄油孔打通	1. 分别拆卸检查清洗;修复达到精度;去毛刺 2. 研磨阀孔,再配阀芯;配合间隙一般为 0.007~0.015 mm 3. 清洗,并用钢丝通孔或用压缩空气吹通 4. 应拧出泄油塞,使该孔与油箱接通,并保持泄油管畅通 5. 检查调整

110

续表

故障现象	产生原因	排除方法
输出压力达不到调定压力	1. 先导锥阀与阀座密合不良 2. 调压弹簧疲劳变软或折断 3. 主阀和先导阀结合面之间漏油 4. 调压手轮(螺钉)螺纹拉伤,不能调压	1. 更换或研配 2. 更换 3. 检查 O 形密封圈,若失效应更换;拧紧螺钉 4. 更换
不稳定、噪声大	1. 先导阀与阀座配合不好、有污物或由于损伤造成密封不良 2. 调压弹簧失效,造成锥阀时开时闭,振荡 3. 泄油口或泄油管时堵时通 4. 主阀芯阻尼孔时堵时通 5. 主阀芯弹簧变形或失效,使主阀芯失去移动调节作用 6. 主阀芯与阀孔的圆度超过规定 7. 油液中混入空气	1. 研磨修配或更换 2. 更换 3. 检查清洗 4. 检查疏通阻尼孔;换油 5. 更换主阀芯弹簧 6. 研磨修配阀孔,修配滑阀 7. 采取措施排除空气

6.4 流量控制阀

流量控制阀通过改变阀口通流面积来调节输出流量,从而控制执行元件的运动速度。常用的流量阀有节流阀和调速阀两种。

6.4.1 流量控制阀的特性

(1)节流口的流量特性

流量特性可用小孔流量通用公式 $q_v = CA_T\Delta p^\varphi$ 来描述。当 C、Δp^φ 一定时,只要改变节流口 A_T,就可调节通过节流口的流量 q_v。

(2)节流口的形式

节流口的形式很多,最常用的如图 6.24 所示。其中,图 6.24(a)为针阀式节流口,阀芯件轴向移动,便可调节流量。图 6.24(b)为偏心槽式节流口,转动阀芯来改变通流截面积大小,即可调节流量。图 6.24(c)为轴向三角沟式节流口,轴向移动阀芯,便可调节流量。图 6.24(d)为周向缝隙式节流口,阀芯上沿圆周上开有一段狭缝,旋转阀芯可改变缝隙的通流截面积,使流量得到调节。图 6.24(e)为轴向缝隙式节流口,在套筒上开有轴向缝隙,轴向移动阀芯就可改变缝隙的通流截面积大小,以调节流量。

6.4.2 节流阀的结构及特点

如图 6.25 所示为节流阀的结构及图形符号。液压油从进油口 P_1 流入,经孔 a、阀芯 1 左端的轴向三角槽、孔 b 和出油口 P_2 流出。阀芯 1 在弹簧力的作用下始终紧贴在推杆 2 的端部。阀芯 1 的锥部通常开有 2 个或 4 个三角槽。调节手轮 3,可使推杆沿轴向移动,从而改变进出油口之间的通流面积,即可调节流量。

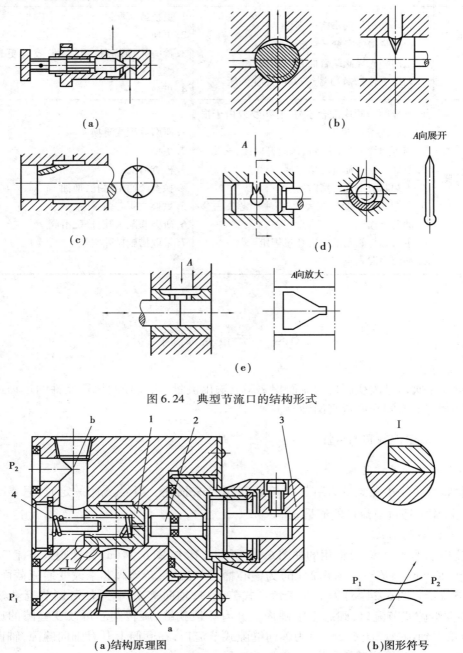

（a）

（b）

（c）

（d）

（e）

图 6.24　典型节流口的结构形式

（a）结构原理图

（b）图形符号

图 6.25　节流阀的结构及图形符号

1—阀芯;2—推杆;3—手轮;4—弹簧

节流阀的结构简单、体积小、使用方便、成本低。这种节流阀的阀口的调节范围大,流量与阀口前后的压力差呈线性关系,有较小的稳定流量,但流道有一定长度,流量易受温度和负载影响。因此,它只适用于温度和负载变化不大或速度稳定要求不高的液压系统。

6.4.3　调速阀

调速阀是由定差减压阀与节流阀串联而成的组合阀。其结构原理及图形符号如图 6.26 所示。节流阀用来调节通过的流量,定差减压阀则自动补偿负载变化的影响,使节流阀前后的压力差为定值,以消除负载变化对流量的影响。

调速阀的流量特性曲线如图 6.27 所示。当调速阀前后两端的压力差超过 $\Delta p_{\min}$ 以后,流量是稳定的。而在 $\Delta p_{\min}$ 以内,流量随压力差的变化而变化,其变化规律与节流阀一致。这是由于调速阀的压差过低,导致其内的定差减压阀阀口全部打开,定差减压阀处于非工作状态,只剩下节流阀在起作用,故此段曲线和节流阀曲线基本一致。

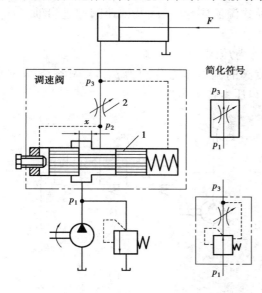

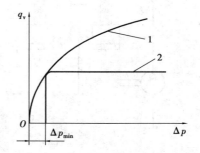

图 6.26　调速阀的工作原理及图形符号
1—定差减压阀;2—节流阀

图 6.27　流量阀的流量特性曲线
1—节流阀;2—调速阀

6.4.4　流量控制阀常见故障及排除方法

表 6.5 列出了流量控制阀的常见故障及排除方法。

表 6.5　流量控制阀的常见故障及排除方法

故障现象	原因分析	排除方法
无流量或流量极少	1.节流口堵塞 2.阀芯与阀孔配合间隙过大,泄露大	1.检查清洗,更换油液,修复阀芯 2.检查磨损,密封情况,修换阀芯
流量不稳定	1.油液中杂质粘附在节流口边缘上,通流截面减少,速度减慢 2.节流阀内,外泄露大,流量损失大,不能保证运行所需要的流量	1.拆洗节流阀,清除污物,更换滤油器或更换油液 2.检查阀芯与阀体之间的间隙及加工精度,超差零件修复或更换,检查有关连接部位的密封情况或更换密封件

思考题与习题

6.1 选择换向阀时应考虑哪些问题？

6.2 分别说明 O 型、M 型、P 型和 H 型三位四通换向阀在中间位置时的性能特点，并指出它们各适用什么场合。

6.3 溢流阀、减压阀和顺序阀各有什么作用？它们在原理上、结构上和图形符号上有何异同？

6.4 先导式溢流阀的阻尼小孔起什么作用？若将其堵塞或加大会出现什么情况？

6.5 在系统中有足够负载的情况下，先导式溢流阀、减压阀及调速阀的进出油口反接会出现什么现象？

6.6 背压阀的作用是什么？哪些阀可用作背压阀？

6.7 如图 6.28 所示，两液压系统中溢流阀的调整压力分别为 $p_A = 4$ MPa，$p_B = 3$ MPa，$p_C = 2$ MPa，当系统的负载为无穷大时，泵的出口压力各为多少？

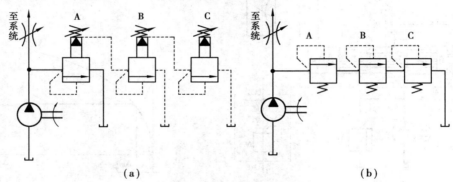

图 6.28 题 6.7 图

6.8 一夹紧回路如图 6.29 所示。若溢流阀的调定压力 5 MPa，减压阀的调定压力 2.5 MPa。试分析活塞快速运动时和工件夹紧后，A,B 两点的压力各为多少？

6.9 什么叫压力继电器的开启压力、闭合压力和调节区间？

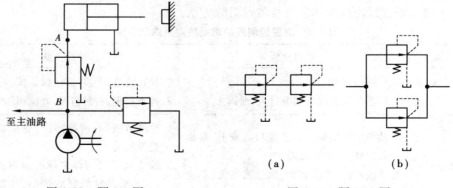

图 6.29 题 6.8 图   图 6.30 题 6.10 图

6.10　如图 6.30 所示,两个减压阀的调定压力不同,当两阀串联时,出口压力决定于哪个减压阀? 当两个阀并联时,出口压力决定于哪个减压阀? 为什么?

6.11　3 个溢流阀的各调整压力如图 6.31 所示。试问泵的供油压力有哪几级? 数值各多大?

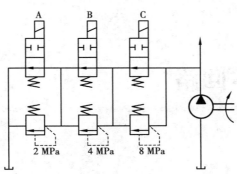

图 6.31　题 6.11 图

6.12　在如图 6.32 所示液压回路中,已知液压缸有效工作面积 $A_1 = A_3 = 100$ cm^2,$A_2 = A_4 = 50$ cm^2,当最大负载 $F_1 = 14$ kN,$F_2 = 4.25$ kN,背压力 $p = 0.15$ MPa,节流阀 2 的压差 $\Delta p = 0.2$ MPa时,问:不计管路损失,A,B,C 各点的压力是多少? 阀 1,2,3 至少应选用多大的额定压力? 快速进给运动速度 $v_1 = 200$ cm/min,$v_2 = 240$ cm/min,各阀应选用多大的流量?

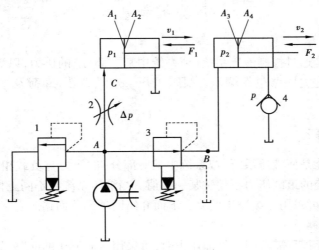

图 6.32　题 6.12 图

第7章
液压系统基本回路

任何一种液压传动系统都是由一些基本回路组成的。所谓基本回路,就是用来完成某种特定功能的典型回路。液压传动系统按基本回路的功能,可分为压力控制回路、速度控制回路、方向控制回路和多缸工作控制回路等。熟悉和掌握这些基本回路的组成、工作原理和性能是分析、维护、安装、调试和使用液压系统的重要基础。

7.1 压力控制基本回路

压力控制回路是通过控制液压系统(或系统中某一部分)的压力,以满足执行元件对力或转矩要求的回路。这类回路包括调压、保压、增压、减压、背压、卸荷及平衡等多种基本液压回路。

7.1.1 调压回路

调压回路的功能是使液压系统(或系统中某一部分)的压力与负载相适应并保持稳定,或为了安全而限定系统的最高压力不超过某一数值。当液压系统在不同工作阶段需要两种以上不同大小的压力时,可采用多级调压回路。下面介绍两种调压回路。

（1）双向调压回路

当执行元件正反行程需不同的供油压力时,可采用双向调压的回路,如图7.1所示。当换向阀在左位工作时,活塞为工作行程,液压泵出口由溢流阀1调定为较高压力,缸右腔油液通过换向阀回油箱,溢流阀2此时不起作用。当换向阀如图所示在右位工作时,活塞作空行程返回,液压泵出口压力由溢流阀2调定为较低压力,溢流阀1不起作用。活塞退回到终点以后,液压泵在低压下回油,功率损耗小。

（2）多级调压回路

如图7.2所示为三级调压回路。在图示状态时,液压泵出口压力由先导式溢流阀1调定为最高压力(若阀4采用H

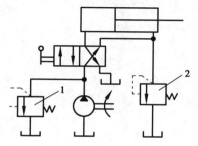

图7.1 双向调压回路图
1,2—溢流阀

型的中位机能的电磁阀,则此时液压泵卸荷,即为最低压力);当换向阀4的左右电磁铁分别通电时,液压泵由远程调压阀2和3调定。阀2和阀3的调定压力必须小于阀1的调定压力值。

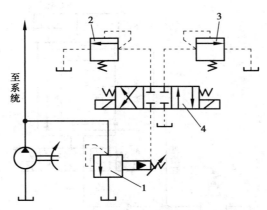

图7.2　三级调压回路

1—先导式溢流阀;2,3—远程调压阀;4—换向阀

7.1.2　减压回路

减压回路的功能是使液压系统中某一支路具有较主油路低的稳定压力。当液压系统中某一支路在不同工作阶段需要两种以上不同的工作压力时,可采用多级减压回路。

（1）单向减压回路

如图7.3所示为用于夹紧回路的单向减压回路。单向减压阀5安装在液压缸6与换向阀4之间,当1YA通电,三位四通电磁换向阀左位工作,液压泵输出压力油通过单向阀3、换向阀4,经减压阀5减压后输入液压缸的左腔,推动活塞向右运动,夹紧工件,右腔的油液经换向阀4流回油箱;当工件加工结束以后,2YA通电,换向阀4右位工作,液压泵输出压力油通过单向阀3、换向阀4,进入液压缸的右腔,推动活塞向左运动,液压缸6左腔的油液经单向减压阀5的单向阀、换向阀4流回油箱,回程时减压阀不起作用。单向阀3在回路中的作用是:当主油路压力低于减压油路的压力时,利用锥阀关闭的严密性,保证减压回路的压力不变,使夹紧缸保持夹紧力不变。还应指出,减压阀5的调整压力应低于溢流阀2的调整压力,才能保证减压阀正常工作(起减压作用)。例如,MJ-50型数控车床液压系统中卡盘的夹紧与松开、尾坐套筒的伸缩运动就是采用减压回路。

（2）二级减压回路

如图7.4所示为一种由减压阀和远程调压阀组成的二级减压回路。在图示状态,夹紧压力由减压阀1调定,当二通阀通电后,夹紧压力则由远程调压阀2决定,故此回路为二级减压回路。若系统只需一级减压,可取消二通阀与远程调压阀2、堵塞减压阀1的外控。若取消二通阀,远程调压阀2用直动式比例溢流阀取代。根据输入信号的变化,便可获得无级或多级的稳定低压。为使减压回路可靠地工作,其最高调整压力应比系统压力低一定数值,例如,中高压液压系统减压阀约低1 MPa(中、低压液压系统约低0.5 MPa),否则减压阀不能正常工作。当减压支路的执行元件速度需要调节时,节流元件应装在减压阀的出口,因为减压阀起作用时,有少量泄油从先导阀流回油箱,节流元件装在出口,可避免泄油对节流元件调定的流量产生影响。减压阀出口压力若比系统压力低得多,会增加功率损失和系统升温,必要时可用高、低压双泵分别供油。

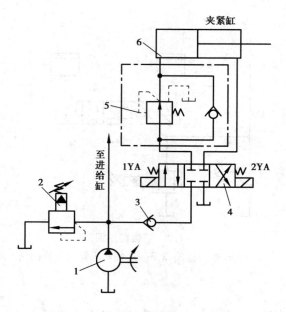

图 7.3　单向减压回路

1—液压泵;2—溢流阀;3—单向阀;4—换向阀;5—减压阀;6—液压缸

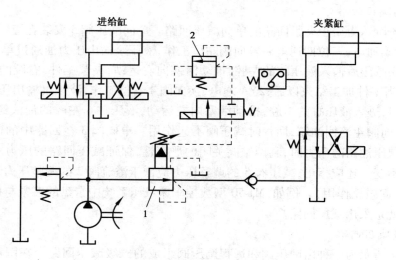

图 7.4　二级减压回路

1—减压阀;2—远程调压阀

7.1.3　卸荷回路

卸荷回路的功能是在液压泵不停止转动的情况下,使液压泵在零压或很低压力下运转,以减小功率损耗,降低系统发热,延长液压泵和驱动电动机的使用寿命。

（1）三位阀中位机能的卸荷回路

如图 7.5 所示为采用 M 型（也可用 H 型或 K 型）中位机能的三位四通电磁换向阀来实现卸荷的回路。换向阀在中位时，可使液压泵输出的油液直接流回油箱中，从而实现液压泵的卸荷。对低压小流量液压泵，采用换向阀直接卸荷是一种简单而有效的方法。

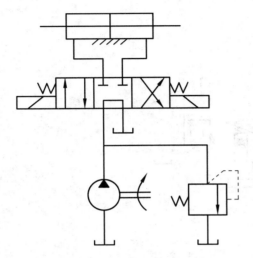

图 7.5　用 M 型三位四通阀卸荷回路　　　　图 7.6　用二位二通阀的卸荷回路

（2）二位二通阀的卸荷回路

如图 7.6 所示为二位二通阀的卸荷回路。采用此方法的卸荷回路必须使二位二通换向阀的流量与液压泵的额定流量相匹配。这种卸荷方法的卸荷效果较好，易于实现自动控制。一般适用于液压泵的流量小于 63 L/min 的场合。

7.1.4　保压回路

液压缸在工作循环的某一阶段，如果需要保持一定的工作压力，就应采用保压回路。在保压阶段，液压缸没有运动，最简单的方法是用一个密封性能好的单向阀来保压。但是，这种办法保压的时间短，压力稳定性不高。由于此时液压泵处于卸荷状态（为了节能）或给其他的液压缸供应一定压力的液压油，因此，为补偿保压缸的泄漏并保持工作压力，可在回路中设置蓄能器。下面列举几个典型的蓄能器保压回路。

（1）液压泵卸荷的保压回路

如图 7.7 所示的回路采用了蓄能器和压力继电器。当三位四通电磁换向阀左位工作时，液压泵同时向液压缸左腔和蓄能器供油，液压缸前进夹紧工件。在夹紧工件时进油路压力逐步升高，当压力达到压力继电器调定值时，表示工件已经被夹牢，蓄能器已储备了足够的压力油。这时，压力继电器发出电信号，使二位二通换向阀的电磁铁通电，控制溢流阀使液压泵卸荷。此时，单向阀自动关闭，液压缸若有泄漏，油压下降，则可由蓄能器补油保压。

液压缸压力不足（下降到压力继电器的闭合压力）时，压力继电器复位使液压泵重新供油工作。保压时间取决于蓄能器的容量，调节压力继电器的通断调节区间即可调节液压缸压力的最大值和最小值。

（2）多缸系统的保压回路

多缸系统中负载的变化不应影响缸内压力的稳定。在如图 7.8 所示的回路中,进给缸快进时,液压泵 1 压力下降,单向阀 3 关闭,把夹紧油路和进油路隔开。蓄能器 4 用来为夹紧缸保压并补偿泄漏。压力继电器 5 的作用是当夹紧缸压力达到预定值时发出电信号,使进给缸动作。

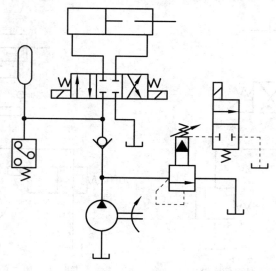

图 7.7　液压泵卸荷的保压回路

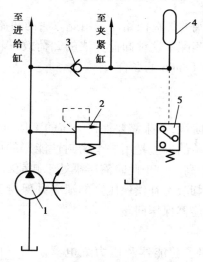

图 7.8　多缸系统的保压回路

1—液压泵;2—安全阀;3—单向阀;4—蓄能器;5—压力继电器

7.2　方向控制基本回路

方向控制回路是控制执行元件启动、停止及换向的回路。这类回路包括换向和锁紧两种基本回路。

7.2.1 换向回路

换向回路的功能是可改变执行元件的运动方向。一般可采用各种换向阀来实现,在闭式回路中也可利用双向变量泵实现换向过程。用电磁换向阀来实现执行元件的换向最为方便,但因电磁换向阀的动作快,换向时有冲击,故不宜用于频繁换向。采用电液换向阀换向时,虽然其液动换向阀的阀芯移动速度可调节,换向冲击较小,但仍不能适用于频繁换向的场合。即便这样,由电磁换向阀构成的换向回路仍是应用最广泛的一种回路,尤其是在自动化程度要求较高的组合液压系统中被普遍采用。

机动换向阀可进行频繁换向,并且换向可靠性较好。这种换向回路中执行元件的换向过程是通过工作台上的挡块和杠杆直接作用使换向阀来实现换向的。而电磁换向阀换向需要通过电气行程开关、继电器和电磁铁等中间环节。但机动换向阀必须安装在执行元件附近,不如电磁换向阀安装灵活。例如,YT4543 型动力滑台液压系统的换向回路就是采用机动换向阀和电磁换向阀来实现换向的。

7.2.2 锁紧回路

锁紧回路的功能是使执行元件停止在规定的位置上,并且能防止因受外界影响而发生漂移或窜动。

通常采用 O 型或 M 型中位机能的三位换向阀构成锁紧回路。当接入回路时,执行元件的进出油口都被封闭,可将执行元件锁紧不动。这种锁紧回路由于受到换向阀泄漏的影响,执行元件仍可能产生一定漂移或窜动,锁紧效果较差。

图 7.9 所示为两个液控单向阀组成的锁紧回路。活塞可在行程中的任何位置停止并锁紧,其锁紧效果只受液压缸泄漏的影响,因此,其锁紧效果较好。

采用液压锁的锁紧回路,换向阀的中位机能应使液压锁的控制油液卸压(即换向阀应采用 H 型或 Y 型中位机能),以保证换向阀中位接入回路时,液压锁能立即关闭,活塞停止运动并锁紧。如果采用 O 型中位机能的换向阀,换向阀处于中位时,由于控制油液仍存在一定的压力,液压锁不能立即关闭,直至由于换向阀泄漏使控制油液压力下降到一定值后,液压锁才能关闭,这就较低了锁紧效果。

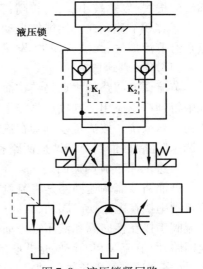

图 7.9 液压锁紧回路

例如,Q2-8 型汽车起重机液压系统中的支腿收放回路,为确保支腿能停放在任意位置并能可靠地锁住,在支腿液压缸的控制回路中设置了双向液压锁。

7.3 速度控制基本回路

速度控制回路是对液压系统中执行元件的运动速度和速度切换实行控制的回路。速度控制回路包括调速、快速和换速等回路。

7.3.1 调速回路

调速回路的功能是调定执行元件的工作速度。在不考虑油液的可压缩性和泄漏的情况下,执行元件的速度表达式如下:

液压缸

$$v = \frac{q}{A} \qquad\qquad (7.1)$$

液压马达

$$n = \frac{q}{V} \qquad\qquad (7.2)$$

从式(7.1)和式(7.2)可知,改变输入执行元件的流量、液压缸的有效工作面积或液压马达的排量均可达到调速的目的,但改变液压缸的有效工作面积往往会受到负载等其他因素的制约。改变排量对于变量液压马达容易实现,但对定量马达则不易实现,而使用最普遍的方法是通过改变输入执行元件的流量来达到调速的目的。目前,液压系统中常用的调速方式有以下3种:

①节流调速。用定量泵供油,由流量控制阀改变输入执行元件的流量来调节速度。其主要优点是速度稳定性好;主要缺点是节流损失和溢流损失较大、发热多、效率较低。

②容积调速。通过改变变量泵或变量马达的排量来调节速度。其主要优点是无节流损失和溢流损失、发热较小、效率较高;其主要缺点是速度稳定性较差。

③容积节流调速。用能够自动变流量的变量泵与流量控制阀联合来调节速度。其主要特点是有节流损失、无溢流损失、发热量较低、效率较高。

(1)节流调速回路

节流调速回路的优点是结构简单、工作可靠、造价低及使用维护方便,因此,在机床液压系统中得到广泛应用。其缺点是能量损失大、效率低、发热多、故一般多用于小功率系统中,如机床的进给系统。按流量控制阀在液压系统中设置位置的不同,节流调速回路可分为进油路节流调速回路、回油路节流调速回路和旁油路节流调速回路3种。

1)进油路节流调速回路

进油路节流调速回路是将流量控制阀设置在执行元件的进油路上,如图7.10所示。由于节流阀串接在电磁换向阀前,因此,活塞的往复运动均属于进油节流调速过程。也可采用单向节流阀串接在换向阀和液压缸进油腔的油路上,以实现单向进油节流调速。对进油路节流调速回路,因节流阀和溢流阀是并联的,故通过调节节流阀阀口的大小,便能控制进入液压缸的流量(多余油液经溢流阀回油箱)而达到调速目的。

根据进油路节流阀调速回路的特点,节流阀进油节流调速回路适用于低速、轻载、负载变化不大和对速度稳定性要求不高的场合。

2)回油路节流调速回路

回油路节流调速回路是将流量控制阀设置在执行元件的回油路上,如图7.11所示。由于节流阀串接在电磁换向阀与油箱之间的回油路上,因此,活塞的往复运动都属于回油节流调速过程。通过节流阀调节液压缸的回油流量,从而控制进入液压缸的流量,因此,同进油路节流调速回路一样可达到调速的目的。

回油路节流调速回路也具备前述进油路节流调速回路的特点,但这两种调速回路因液压

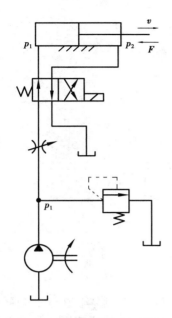

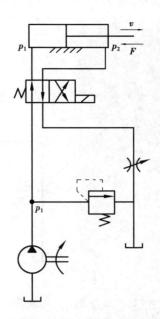

图 7.10　进油路节流调速回路　　　　　　　　图 7.11　回油路节流调速回路

缸的回油腔压力存在差异,因此,它们之间也存在不同之处,比较如下:

①对回油路节流调速回路,由于液压缸的回油腔中存在一定背压,因此能承受一定负值负载(即与活塞运动方向相同的负载,如顺铣时的铣削力和垂直运动部件下行时的重力等);而进油路节流调速回路,在负值负载作用下活塞的运动会因失控而超速前冲。

②在回油路节流调速回路中,因液压缸的回油腔中存在背压,且活塞运动速度越快,产生的背压力就越大,故其运动平稳性较好;而进油路节流调速回路,液压缸的回油腔中无背压,因此,其运动平稳性较差,若在回油路中增加背压阀,则执行元件运动平稳性也可得到提高。

③在回油路节流调速回路中,经过节流阀发热后的油液能够直接流回油箱并得以冷却,对液压缸泄漏的影响较小;而进油路节流调速回路,通过节流阀发热后的油液直接进入液压缸,会引起泄漏的增加。

④对回油路节流调速回路,在停车后,液压缸回油腔中的油液会由于泄漏而形成空隙,再次启动时,液压泵输出的流量将不受流量控制阀的限制而全部进入液压缸,使活塞出现较大的启动超速前冲(启动冲击);而对进油路节流调速回路,因进入液压缸的流量总是受到节流阀的限制,故启动冲击小。

⑤对进油路节流调速回路,比较容易实现压力控制。当运动部件碰到死挡铁后,液压缸进油腔内的压力会上升到溢流阀的调定压力,利用这种压力的上升变化可使压力继电器发出电信号,而回油路节流调速回路,液压缸进油腔内的压力变化很小,难以利用,即使在运动部件碰到死挡铁后,液压缸回油腔内的压力会下降到零,利用这种压力下降变化也可使压力继电器发出电信号,但实现这一过程所采用的电路结构复杂,可靠性低。

3)旁油路节流调速回路

旁油路节流调速回路是将流量控制阀设置在执行元件并联的支路上,如图 7.12 所示。用节流阀来调节流回油箱的油液流量,以实现进入液压缸的流量的控制,从而达到调速目的。回路中溢流阀处于常闭状态,起到安全保护的作用,故液压泵的供油压力随负载变化而变化。

旁油路节流调速适用于负载变化小和对运动平稳性要求不高的高速、大功率场合。应注

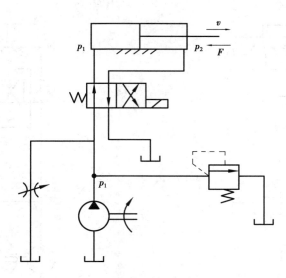

图 7.12　旁油路节流调速回路

意的是,在这种调速回路中,液压泵的泄漏对活塞运动的速度有较大影响,在进油和回油节流调速回路中,液压泵的泄漏对活塞运动的速度影响则较小,因此,这种调速回路的速度稳定性比前两种回路都低。

4)节流调速回路工作性能的改进

使用节流阀的节流调速回路,执行元件速度稳定性较低,尤其是在负载变化较大的液压系统中,这主要是由于负载变化引起节流阀前后压力差变化而导致。如果用调速阀代替节流阀,调速阀中的定差减压阀可使节流阀前后压力差保持基本恒定,可提高节流调速回路的速度稳定性和运动平稳性,但工作性能的提高是以加大流量控制阀前后压力差为代价的(调速阀前后压力差一般最小应有 0.5 MPa,高压调速阀应有 1.0 MPa),故功率损失较大,效率较低。调速阀节流调速回路在机床及低压小功率系统中已得到广泛应用。

(2)容积调速回路

容积调速回路的特点是液压泵输出的油液都进入执行元件,没有溢流和节流损失,故效率高、发热小,适用于大功率系统中。但是,这种调速回路需要采用结构较复杂的变量泵或变量马达,故造价较高,维修也较困难。

容积调速回路按油液循环方式不同,可分为开式和闭式两种。开式回路,液压泵从油箱中吸油并供给执行元件,执行元件排出的油液回油箱,油液在油箱中可得到很好的冷却并使杂质得以充分沉淀;但需要油箱的体积较大,可能有空气侵入而影响执行元件的运动平稳性。闭式回路的液压泵将油液输入执行元件的进油腔,又从执行元件的回油腔吸油。油液直接在封闭回路内循环,从而减少了空气侵入的可能性,但为了补偿回路的泄漏和执行元件进、回油腔之间的流量差,必须设置补油装置。

根据液压泵与执行元件的组合方式的不同,容积调速回路有 3 种组合形式:变量泵-定量马达(或缸)、定量泵-变量马达和变量泵-变量马达。

1)变量泵-定量马达(或缸)容积调速回路

如图 7.13(a)所示为变量泵-液压缸的开式容积调速回路;如图 7.13(b)所示为变量泵-定量马达闭式容积调速回路。这两种调速回路都是利用改变变量泵的输出流量来调节速度的。

在图 7.13(a)中,溢流阀作安全阀使用,换向阀用来改变活塞的运动方向,活塞运动速度

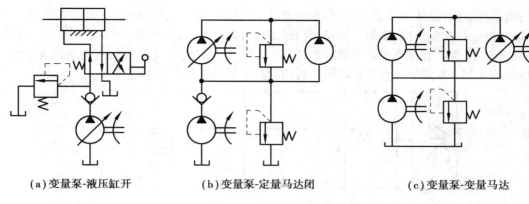

（a）变量泵-液压缸开　　　　　　（b）变量泵-定量马达闭　　　　　　（c）变量泵-变量马达

图7.13　容积调速回路

是通过改变泵的输出流量来调节的。单向阀在变量泵停止工作时可防止系统中的油液流空和空气侵入。

在图7.13（b）中，为补充封闭回路中的泄漏而设置了补油装置。辅助泵（辅助泵的流量一般为变量泵最大流量的10%～15%，也称配油泵）将油箱中经过冷却的油液输入封闭回路中，同时与油箱相通的溢流阀溢出定量马达排出的多余热油，从而起到稳定低压管路压力和置换热油的作用。由于变量泵的吸油口处具有一定的压力，因此可避免空气侵入和出现空穴现象。封闭回路中的高压管路上连有溢流阀可起到安全阀的作用，以防止系统过载；单向阀在系统停止工作时可起到防止封闭回路中的油液流空和空气侵入的作用。马达的转速是通过改变变量泵的输出流量来调节的。

这种容积调速回路，液压泵的转速和液压马达的排量都为常数，液压泵的供油压力随负载增加而升高，其最高压力由安全阀来限制。这种容积调速回路中马达（或缸）的输出速度、输出的最大功率都与变量泵的排量成正比，若液压泵的供油压力和马达（或缸）的回油压力不变，则输出的最大转矩（或推力）恒定不变，故称这种回路为恒转矩（或推力）调速回路。由于其排量可调整很小，因此，其调速范围较大。

2）定量泵-变量马达容积调速回路

将图7.13（b）中的变量泵换成定量泵，定量马达换成变量马达即构成定量泵-变量马达容积调速回路，如图7.13（c）所示。在这种调速回路中，液压泵的转速和排量都为常数，液压泵的最高供油压力同样由溢流阀来限制。该调速回路中马达能输出的最大转矩与变量马达的排量成正比，马达转速与其排量成反比，输出的最大功率恒定不变，故称这种回路为恒功率调速回路。

马达的排量因受到拖动负载能力和机械强度的限制而不能调得太大，相应地其调速范围也较小，并且调节起来很不方便。因此，这种调速回路目前很少单独使用。

3）变量泵-变量马达容积调速回路

如图7.14所示，回路中元件对称设置，双向变量泵2可实现正反向供油，相应双向变量马达10便能实现正反向转动。同样调节泵2和马达10的排量也可以改变马达的转速。泵2正向供油时，上油管路3是高压管路，下油管路11是低压管路，马达10正向旋转，阀7作为安全阀可防止马达正向旋转时系统出现过载现象。此时，阀6不起任何作用，辅助泵1经单向阀5向低压管路补油，此时另一单向阀4则处于关闭状态。液动换向阀8在高、低压管路压力差大于一定数值（如0.5 MPa）时，液动换向阀阀芯下移。低压管路与溢流阀9接通，则由马达10排出的多余热油经阀9溢出（阀12的调定压力应比阀9高），此时泵1供给的冷油置换了部分热油；当高、低压管路压力差很小(马达的负载小，油液的温升也小)时，阀8处于中位，泵1输出的多余油液则从溢流阀12溢回油箱，只补偿封闭回路中存在的泄漏，而不置换热油。此外，溢流阀9和12也具有保障泵2吸油口处有一定压力而避免空气侵入和出现空穴现象的功能，单向阀4和5在系统停止工作时防止封闭回路中的油液流空和空气侵入。

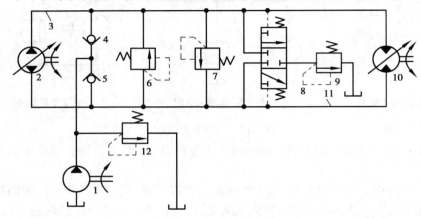

图7.14　变量泵-变量马达容积调速回路

1—辅助泵；2—双向变量泵；3—上油管；4,5—单向阀；

6,7,9,12—溢流阀；8—换向阀；10—双向变量马达；11—下油管

当泵2反向供油时，上油管路3是低压管路，下油管路11是高压管路。马达10反向转动，阀6作为安全阀使用，其他各元件的作用与上述过程类似。

变量泵-变量马达容积调速回路是恒转矩调速和恒功率调速的组合回路。由于许多设备在低速运行时要求有较大的转矩，而在高速时又希望输出功率能基本保持不变，因此，调速时通常先将马达的排量调至最大并固定不变(以使马达在低速时能获得最大输出转矩)，通过增大泵的排量来提高马达的转速，这时马达能输出的最大转矩恒定不变，属恒转矩调速；若泵的排量调至最大后，还需要继续提高马达的转速，可使泵的排量固定在最大值，而采用减小马达排量的办法来实现马达速度的继续升高，这时马达能输出的最大功率恒定不变，属恒功率调速。这种调速回路具有较大的调速范围，并且效率较高，故适用于大功率和要求调速范围较宽的场合。

在容积调速回路中，泵的工作压力是随负载变化而变化的，而泵和执行元件的泄漏量会随工作压力的升高而增加。因受到泄漏的影响，这将使液压马达(或液压缸)的速度随着负载的增加而下降，故速度稳定性变差。

(3)容积节流速度回路

容积节流速度回路是用变量泵供油，用调速阀或节流阀改变进入液压缸的流量，以实现执行元件速度调节的回路。这种回路无溢流损失，其效率比节流调速回路高。采用流量阀调节进入液压缸的流量，克服了变量泵负载大、压力高时的漏油量大、运动速度不平稳的缺点，因此，这种调速回路常用于空载时需快速、承载时需稳定的低速的各种中等功率机械设备的液压系统。例如，组合机床、车床、铣床等的液压系统。

如图7.15(a)所示为由限压式变量叶片泵1和调速阀3等元件组成的容积节流调速回路。电磁换向阀2左位工作时，压力油经行程阀5进入液压缸左腔，液压缸右腔回油，活塞空载右移。这时因负载小，压力低于变量泵的限定压力，泵的流量最大，故活塞快速右移。当移

动部件上的挡块压下行程阀 5 时,压力油只能经调速阀 3 进入缸左腔,缸右腔回油,活塞以调速阀调节的慢速右移,实现工作进给。当换向阀右位工作时,压力油进入缸右腔,缸左腔经单向阀 4 回油,因退回时为空载,液压泵的供油量最大,故快速向左退回。

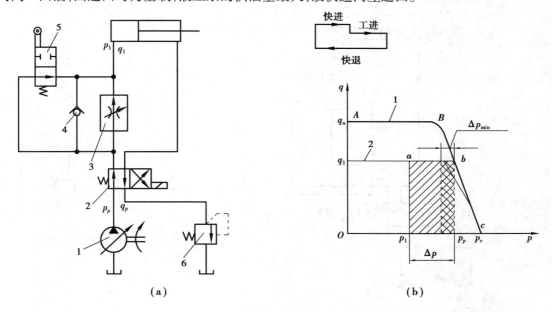

图 7.15　定压式容积节流调速回路

1—变量泵;2—电磁换向阀;3—调速阀;4—单向阀;5—行程阀;6—背压阀

慢速工作进给时,限压式变量泵的输出流量 q_p 与进入液压缸的流量 q_1 总是相适应的。因为当调速阀开口一定时,通过调速阀的流量 q_1 为定值,若 $q_p > q_1$,则泵出口的油压便上升,使泵的偏心自动减小,q_p 减小,直至 $q_p = q_1$ 为止;若 $q_p < q_1$,则泵出口压力降低,使泵的偏心自动增大,q_p 增大,直至 $q_p = q_1$。调速阀能保证 q_1 为定值,q_p 也为定值,故泵的出口压力 p_p 也为定值。因此,这种回路也称定压式容积节流调速回路。

如图 7.15(b)所示为这种回路的调速特性。其中,曲线 1 为限压式变量叶片泵的流量-压力特性曲线。曲线 2 为调速阀出口(液压缸进油腔)的流量-压力特性曲线,其左段为水平线,说明当调速阀的开口一定时,液压缸的负载变化引起工作压力 p_1 变化,但通过调速阀进入液压缸的流量 q_1 为定值。该水平线的延长线与曲线 1 的交点 b 即为液压泵出口的工作点,也是调速阀前的工作点,该点的工作压力为 p_p。曲线 2 上的点 a 对应的压力为液压缸的压力 p_1。

若液压缸长时间在轻载下工作,缸的工作压力 p_1 小,调速阀两端压力差 Δp 大($\Delta p = p_p - p_1$),调速阀的功率损失(abp_pp_1 围成的阴影面积)大,效率低。因此,在实际使用时,除应调节变量泵的最大偏心距满足液压缸快速运动所需要的流量(即调好特性曲线 $1AB$ 段的上下位置)外,还应调节泵的限压螺钉,改变泵的限定压力(即调节特性曲线 $1BC$ 段的左右位置),使 Δp 稍大于调速阀两端的最小压差 Δp_{min}。显然,当液压缸的负载最大时,使 $\Delta p = \Delta p_{min}$ 是泵特性曲线调整的最佳状态。

7.3.2　快速(增速)回路

快速回路的功能是使执行元件在空行程时获得尽可能大的运动速度,以提高生产率。根据公式 $v = q/A$ 可知,对于液压缸来说,增加进入液压缸的流量就能提高液压缸的运动速度。

（1）差动连接的快速回路

如图 7.16 所示为单活塞杆液压缸差动连接的快速回路。二位三通电磁换向阀 3 的阀芯处于图示位置时,单活塞杆液压缸差动连接,活塞将快速向右运动。

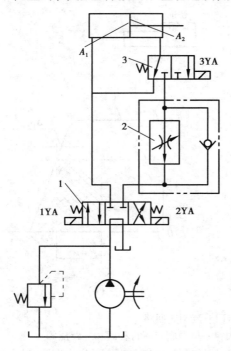 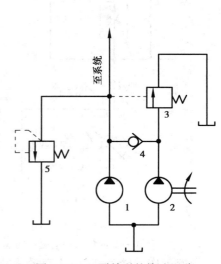

图 7.16　差动连接的快速回路
1—三位四通电磁换向阀;2—调速阀;3—二位三通电磁换向阀

图 7.17　双泵并联的快速回路
1—高压小流量泵;2—低压大流量泵

二位三通电磁换向阀 3 通电时,单活塞杆液压缸为非差动连接,其有效工作面积为 A_1。这说明单活塞杆液压缸差动连接增速的实质是因为缩小了液压缸的有效工作面积。这种回路的特点是结构简单,价格低廉,应用普遍,但只能实现一个方向的增速,并且增速受液压缸两腔有效工作面积的限制,增速的同时液压缸的推力会减小。采用此回路时,要注意此回路的阀和管道应按差动连接时的较大流量选用,否则压力损失过大,使溢流阀在快进时也开启,则无法实现差动联接。

（2）双泵并联的快速回路

如图 7.17 所示为双泵并联的快速回路。高压小流量泵 1 的流量按执行元件最大工作进给速度的需要来确定,工作压力的大小由溢流阀 5 调定,低压大流量泵 2 主要起增速作用,它和泵 1 的流量加在一起应满足执行元件快速运动时所需的流量要求。液控顺序阀 3 的调定压力应比快速运动时最高工作压力高 0.5 ~ 0.8 MPa。快速运动时,由于负载较小,系统压力较低,则阀 3 处于关闭状态,此时泵 2 输出的油液经单向阀 4 与泵 1 汇合在一起进入执行元件,实现快速运动;工作进给运动时,系统压力升高,阀 3 打开,泵 2 卸荷,阀 4 关闭,此时仅有泵 1 向执行元件供油,实现工作进给运动。这种回路的特点是效率高,功率利用合理,能实现比最大工作进给速度大得多的快速功能。

7.3.3　换速回路

换速回路是指执行元件实现运动速度的切换。根据换速回路切换前后速度相对快慢的不同,可分为快速—慢速和慢速—慢速切换两大类。

（1）快速—慢速切换回路

如图 7.18 所示为一种采用行程阀的快速—慢速切换回路。当手动换向阀 2 右位和行程阀 4 下位接入回路（图示状态）时,液压缸活塞将快速向右运动,当活塞移动至使挡块压下行程阀 4 时,行程阀关闭,液压油的回油必须通过节流阀 6,活塞的运动切换成慢速状态;当换向阀 2 左位接入回路,液压油经单向阀 5 进入液压缸右腔,活塞快速向左运动。这种回路的特点是快速—慢速切换比较平稳,切换点准确,但不能任意布置行程阀的安装位置。

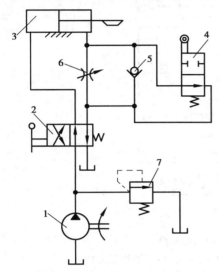

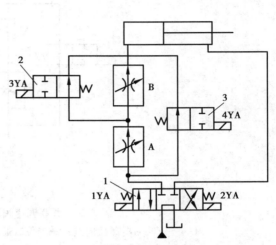

图 7.18　用行程阀的快速—慢速切换回路
1—液压泵;2—手动换向阀;3—液压缸;
4—行程阀;5—单向阀;6—节流阀;7—溢流阀

图 7.19　串联调速阀两种慢速的切换回路
1—三位四通电磁换向阀;2,3—二位二通电磁换向阀

如将如图 7.18 所示的行程阀改为电磁换向阀,并通过挡块压下电气行程开关来控制电磁换向阀工作,也可实现上述快速—慢速自动切换过程,而且可灵活地布置电磁换向阀的安装位置,只是切换的平稳性和切换点的准确性要比用行程阀时差。

（2）两种慢速的切换回路

1）调速阀串联切换回路

如图 7.19 所示为两个调速阀串联实现两种慢速的切换回路。当电磁铁 1YA 和 4YA 通电时,液压油经调速阀 A 和二位二通电磁换向阀 2 进入液压缸左腔,此时调速阀 B 被短接,活塞运动速度可由调速阀 A 来控制,实现第一种慢速;若电磁铁 1YA,4YA,3YA 同时通电,则液压油先经调速阀 A,再经调速阀 B 进入液压缸左腔,活塞运动速度由调速阀 B 控制,实现第二种慢速（调速阀 B 的通流面积必须小于调速阀 A）;当电磁铁 1YA 和 4YA 断电,并且电磁铁 2YA 通电时,液压油进入液压缸右腔,液压缸左腔油液经二位二通电磁换向阀 3 流回油箱,实现快速退回。这种切换回路因慢速—慢速切换平稳,在机床上应用较多。

2）调速阀并联切换回路

如图 7.20 所示为两个调速阀并联实现两种慢速的切换回路。当电磁铁 1YA,3YA 同时通电时,液压油经换向阀 1 的左位进入调速阀 A 和二位三通电磁换向阀 3 的左位进入液压缸左腔,实现第一种慢速;当电磁铁 1YA,3YA,4YA 同时通电时,液压油经调速阀 B 和二位三通电磁铁换向阀 3 的右位进入液压缸左腔,实现第二种慢速。这种切换回路,在调速阀 A 工作时,调速阀 B 的通路被切断,相应阀 B 前后两端的压力相等,则阀 B 中的定差减压阀口全开,在二位三通电磁换向阀切换瞬间,阀 B 前端压力突然下降,在压力减为 0 且阀口还没有关小前,阀 B 中节流阀前后压力差的瞬时值较大,相应瞬时流量也很大,造成瞬时活塞快速前冲现象。同样,当阀 A 由断开接入工作状态时,也会出现上述现象。因此不宜用在工作过程中的速度换接,只可用在速度预选的场合。

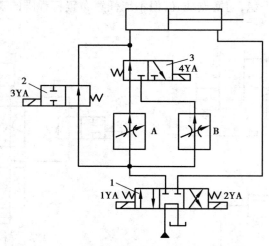

图 7.20　并联调速阀两种慢速的切换回路
1—三位四通电磁换向阀;2—二位二通电磁换向阀;3—二位三通电磁换向阀

7.4　多缸工作控制基本回路

多缸工作控制基本回路是由一个液压泵驱动多个液压缸配合工作的回路。这类回路通常包括顺序动作、同步和互不干扰等回路。

7.4.1　顺序动作控制回路

顺序动作回路的功能是使多个液压缸按照预定顺序依次动作。这种回路常用的控制方式有压力控制和行程控制两类。

（1）压力控制顺序动作回路

此回路利用油路本身的油压变化来控制多个液压缸顺序动作。常用压力继电器或顺序阀来控制多个液压缸顺序动作。

如图 7.21 所示为顺序阀控制顺序动作回路。单向顺序阀 4 用来控制两液压缸向右运动的先后顺序,单向顺序阀 3 是用来控制两液压缸向左运动的先后顺序。当电磁换向阀未通电时,液压油进入液压缸 1 的左腔和单向顺序阀 4 的进油口,液压缸 1 右腔中的油液经单向顺序阀 3 中的单向阀流回油箱,液压缸 1 的活塞向右运动,而此时进油路压力较低,单向顺序阀 4 处于关闭状态;当液压缸 1 的活塞向右运动到行程终点碰到死挡铁,进油路压力升高到单向顺序阀 4 的调定压力时,单向顺序阀 4 打开,液压油进入液压缸 2 的左腔,液压缸 2 的活塞向右运动;当液压缸 2 的活塞向右运动到行程终点后,其挡铁压下相应的电气行程开关(图中未画出)而发出电信号时,电磁换向阀通电换向,此时液压油进入液压缸 2 的右腔和单向顺序阀 3 的进油口,液压缸 2 左腔中的油液经单向顺序阀 4 中的单向阀流回油箱,液压缸 2 的活塞向左运动;当液压缸 2 的活塞向左到达行程终点碰到死挡铁后,进油路压力升高到单向顺序阀 3 的调定压力时,单向顺序阀 3 打开,液压缸 1 的活塞向左运动。若液压缸 1 和 2 的活塞向左运动无先后顺序要求,可省去单向顺序阀 3。

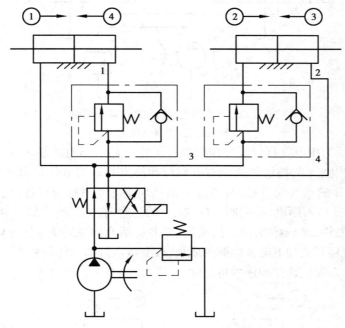

图 7.21　顺序阀控制顺序动作回路
1,2—液压缸;3,4—单向顺序阀

　　如图 7.22 所示为压力继电器控制顺序动作回路。压力继电器 1KP 用于控制两液压缸向右运动的先后顺序,压力继电器 2KP 用于控制两液压缸向左运动的先后顺序。当电磁铁 2YA 通电时,换向阀 3 右位接入回路,液压油进入液压缸 1 左腔并推动活塞向右运动;当液压缸 1 的活塞向右运动到行程终点而碰到死挡铁时,进油路压力升高而使压力继电器 1KP 动作发出电信号,使电磁铁 4YA 通电,换向阀 4 右位接入回路,液压缸 2 的活塞向右运动;当液压缸 2 的活塞向右运动到行程终点,其挡铁压下相应的电气行程开关而发出电信号时,电磁铁 4YA 断电,3YA 通电,换向阀 4 换向,液压缸 2 的活塞向左运动;当液压缸 2 的活塞向左运动到终点碰到死挡铁时,进油路压力升高而使压力继电器 2KP 动作发出电信号,使 2YA 断电,1YA 通电,换向阀 3 换向,液压缸 1 的活塞向左运动。为了防止压力继电器发出误动作,压力继电器的动作压力应比先动作的液压缸最高工作压力高 0.3 ~ 0.5 MPa,但应比溢流阀的调定压力低 0.3 ~ 0.5 MPa。

　　这种回路适用于液压缸数目不多、负载变化不大和可靠性要求不太高的场合。当运动部件卡住或压力脉动变化较大时,误动作不可避免。

　　(2)行程控制顺序动作回路

　　行程控制顺序动作回路是利用运动部件到达一定位置时发出信号来控制液压缸顺序动作的回路。

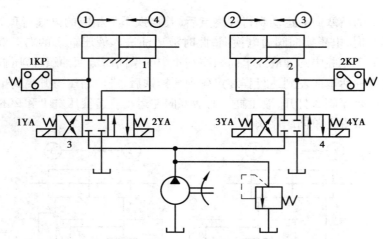

图 7.22　压力继电器控制顺序动作回路

1,2—液压缸;3,4—换向阀

如图 7.23 所示为用电气行程开关控制顺序动作回路。当电磁铁 1YA 通电时,液压缸 A 的活塞向右运动;当缸 A 的挡块随活塞右行到行程终点并触动电气行程开关 1ST 时,电磁铁 2YA 通电,液压缸 B 的活塞向右运动;当缸 B 的挡块随活塞右行至行程终点并触动电气行程开关 2ST 时,电磁铁 1YA 断电,换向阀换向,缸 A 的活塞向左运动;当缸 A 的挡块触动电气行程开关 3ST 时,电磁铁 2YA 断电,换向阀换向,缸 B 的活塞向左运动。这种顺序动作回路的可靠性取决于电气行程开关和电磁换向阀的质量,改变液压缸的动作行程和顺序都比较方便,并且可利用电气互锁来保证动作顺序的可靠性。

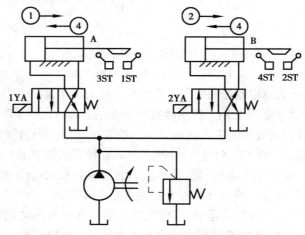

图 7.23　电气行程开关控制顺序动作回路

7.4.2　同步动作控制回路

同步回路的功能是使多个液压缸在运动中保持相同的位置或速度。在多缸液压系统中,尽管各液压缸的有效工作面积和输入流量相同,液压缸的制造精度和泄漏等因素会影响多缸运动间的同步精度。

（1）串联液压缸同步回路

1）普通串联液压缸的同步回路

如图 7.24 所示为两个液压缸串联的同步回路。第一个液压缸回油腔排出的油液进入第二个液压缸的进油腔，若两个缸的有效工作面积相等，两活塞必然有相同的速度和位移，从而实现同步运动。但是，因制造误差和泄漏等因素的影响，故同步精度较低。

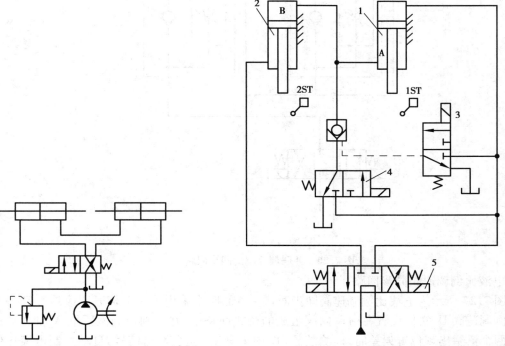

图 7.24　普通串联液压缸的同步回路　　　　图 7.25　带补偿装置的串联液压缸同步回路

1,2—液压缸；3,4—二位三通电磁换向阀；5—三位四通电磁换向阀

2）带补偿装置的串联液压缸同步回路

如图 7.25 所示为带补偿装置的串联液压缸同步回路。A 腔和 B 腔面积相等，使两个液压缸进出流量相等，实现同步运动。补偿措施可使同步误差在每一次下行运动中都可消除。例如，阀 5 在右位工作时，两液压缸活塞同时下降，若液压缸 1 的活塞先到达行程端点，其挡块触动电气行程开关 1ST，使阀 4 通电，压力油便通过阀 4 和单向阀向液压缸 2 的 B 腔补入，推动液压缸 2 的活塞继续运动到底，误差即被消除。若液压缸 2 的活塞先到达行程端点，其挡块触动电气行程开关 2ST，阀 3 通电，控制压力油使液控单向阀反向通道打开，液压缸 1 的 A 腔通过液控单向阀与油箱接通而回油，使液压缸 1 的活塞能继续下行到达行程端点而消除位置误差。这种串联液压缸同步回路只适用于负载较小的液压系统。

（2）并联液压缸的同步回路

1）并联调速阀的同步回路

如图 7.26 所示，用两个调速阀分别串接在两个液压缸的回油路（进油路）上，再并联起来，用以调节两液压缸运动速度，即可实现同步。这也是一种常用的比较简单的同步方法，但因两个调速阀的性能不可能完全一致，同时还受到载荷的变化和泄漏的影响，同步精度较低。

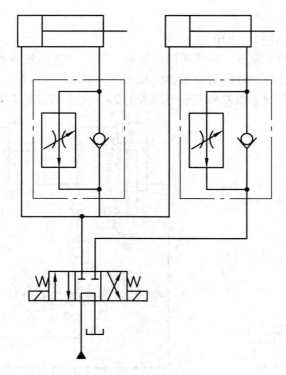

图 7.26　并联调速阀的同步回路

2)电液比例调速阀同步回路

如图 7.27 所示为电液比例调速阀同步回路。该回路中采用了一个普通调速阀 C 和一个电液比例调速阀 D,它们设置在由单向阀组成的桥式回路中,并分别控制液压缸 A 和 B 的速度。当两个活塞出现位置误差时,检测装置(图中未画出)就会发出信号,自动控制电液比例调速阀 D 通流面积的大小,以调节液压缸 B 的活塞的速度,减小两个活塞(或工作台)之间的位置误差,实现同步运动。该回路的同步精度高,位置误差可控制在 0.5 mm 以内,已能满足大多数工作部件同步精度的要求。电液比例阀在性能上虽比不上伺服阀,但其费用低,对环境适应性强,因此,其在同步回路中的应用越来越广泛。

7.4.3　互不干扰控制回路

互不干扰回路的功能是使几个液压缸在完成各自的动作循环过程中互不影响。在多缸液压系统中,往往由于其中一个液压缸快速运动,造成系统压力下降,影响其他液压缸慢速运动的稳定性。因此,在对慢速运动要求较稳定的多缸液压系统中需采用互不干扰回路,使各自液压缸的动作循环互不影响。

如图 7.28 所示为多缸快慢速互不干扰回路。其中,各液压缸(仅示出两个液压缸)分别要完成快进、工进和快退的自动循环。回路采用双泵供油,高压小流量泵 1 提供各缸工进时所需的液压油,低压大流量泵 2 为各缸快进或快退时输送低压油,它们分别由溢流阀 3,4 调定供油压力。当电磁铁 3YA,4YA 通电时,缸 A(或 B)左右两腔由两位五通电磁换向阀 7,11(或 8,12)连通,由泵 2 供油来实现差动快进过程,此时泵 1 的供油路被阀 7(或 8)切断。设缸 A 先完成快进,由行程开关使电磁铁 1YA 通电,3YA 断电,此时大泵 2 对缸 A 的进油路切断,而小泵 1 的进油路打开,缸 A 由调速阀 5 调速实现工进,缸 B 仍作快进,互不影响。当各缸都转为工进后,它们全有小泵供油。此后,若缸 A 又率先完成工进,行程开关应使阀 7 和阀 11 的电磁铁都通电,缸 A 即由大泵 2 供油,实现快退。当各电磁铁皆通电时,各缸停止运动,并被锁止于所在位置。

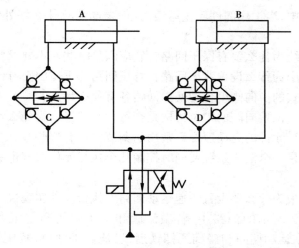

图 7.27 电液比例调速阀同步回路

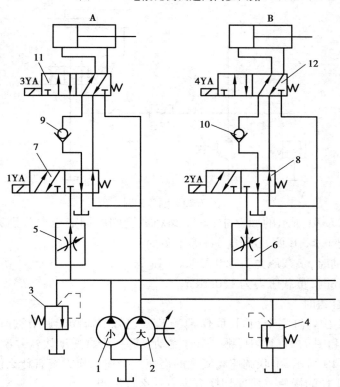

图 7.28 多缸快慢速互不干扰回路

1—高压小流量泵;2—低压大流量泵;3,4—溢流阀;5,6—调速阀;

7,8,11,12—二位五通电磁换向阀;9,10—单向阀;A,B—液压缸

思考题与习题

7.1　在液压系统中,当工作部件停止运动后,使泵卸荷有什么好处?举例说明几种常用的卸荷方法。

7.2　有些液压系统为什么要有保压回路?它应满足哪些基本要求?

7.3　在液压系统中为什么设置背压回路?背压回路与平衡回路有何区别?

7.4　不同操纵方式的换向阀组合的换向回路各有什么特点?

7.5　锁紧回路中三位换向阀的中位机构是否可任意选择?为什么?

7.6　如何调节执行元件的运动速度?常用的调速方法有哪些?

7.7　举例说明如果一个液压系统要同时控制几个执行元件按规定的顺序动作,应采用何种液压回路。

7.8　在液压系统中为什么要设置快速运动回路?执行元件实现快速运动的方法有哪些?

7.9　在如图7.29所示的油路中,若溢流阀和减压阀的调定压力分别为5.0 MPa和2.0 MPa,试分析活塞在运动期间和碰到死挡铁后,溢流阀进油口、减压阀出油口处的压力各为多少?(主油路关闭不通,活塞在运动期间液压缸负载为0,不考虑能量损失)

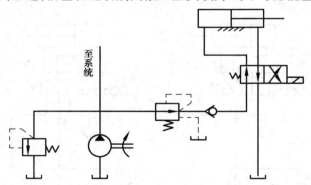

图7.29　题7.9图

7.10　在如图7.30所示的回路中,顺序阀和溢流阀的调定压力分别为3.0 MPa与5.0 MPa,问在下列情况下,A,B两处的压力各等于多少?

(1)液压缸运动时,负载压力为4.0 MPa。

(2)液压缸运动时,负载压力为1.0 MPa。

(3)活塞碰到缸盖时。

7.11　图7.31中各缸完全相同,负载 $F_A > F_B$。已知节流阀能调节缸速并不计压力损失。试判断图7.31(a)和图7.31(b)中,哪一个缸先动?哪一个缸速度快?并说明原因。

7.12　如图7.19所示,串联调速阀实现的慢速—慢速切换方案有什么优缺点?如图7.20所示,并联调速阀实现的慢速—慢速切换方案有什么优缺点?

7.13　在如图7.9所示的液压锁紧回路中,为什么采用 H 型中位机能的三位换向阀?如果换成 M 型中位机能的三位换向阀,会出现什么情况?

7.14　容积节流调速回路的流量阀和变量泵之间是如何实现匹配的?

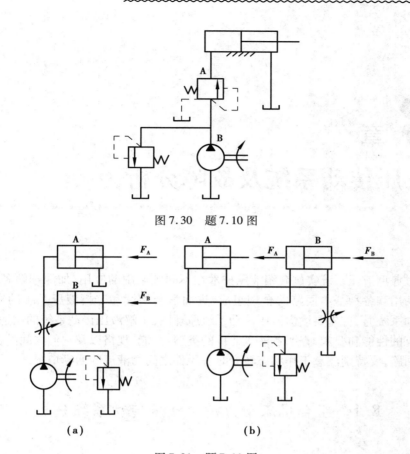

图 7.30　题 7.10 图

图 7.31　题 7.11 图

7.15　调速回路有哪几种？它们各适用于什么场合？

第 **8** 章
典型液压传动系统及故障分析

本章通过典型液压系统实例介绍液压技术在不同领域中的应用,加深理解各种液压元件在系统中的功用和各种基本回路的合理组成,进而学会阅读和分析液压系统的方法和步骤。分析液压传动系统时,首先要读懂液压传动系统原理图,了解液压传动系统的用途和工作循环以及它所具有的性能和要求,查明各液压元件的类型、性能、规格以及它们之间的关系,分清主回路和控制回路,要特别注意工作状态转变时各元件之间的液流的通断情况。

8.1 组合机床动力滑台液压传动系统分析

8.1.1 概述

根据组合机床的加工特点,动力滑台液压系统应具备的性能要求是:在变负载或断续负载的条件下工作时,能保证动力滑台的进给速度稳定,特别是最小进给速度的稳定性;能承受规定的最大负载,并具有较大的调速范围,以适应不同工序的需要;能实现快速进给和快速退回;效率高、发热少,并能合理利用能量,以解决工进速度和快进速度之间的矛盾;在其他元件的配合下,能方便地实现多种工作循环。

如图 8.1 所示为 YT4543 型液压动力滑台的液压系统图。该系统能实现的自动工作循环为:快进→第一次工进→第二次工进→止位钉停留→快退→原位停止。该系统中电磁铁和行程阀的动作顺序见表 8.1。

表 8.1 YT4543 型动力滑台液压系统电磁铁和行程阀动作顺序表

工作循环	1YA	2YA	3YA	行程阀
快进	+	−	−	
一工进	+	−	−	+
二工进	+	−	+	+
止位钉停留	+	−	+	+
快退	−	+	−	+ −
原位停止	−	−	−	−

注:" + "表示电磁铁得电或行程阀被压下," − "表示电磁铁失电或行程阀抬起,后同。

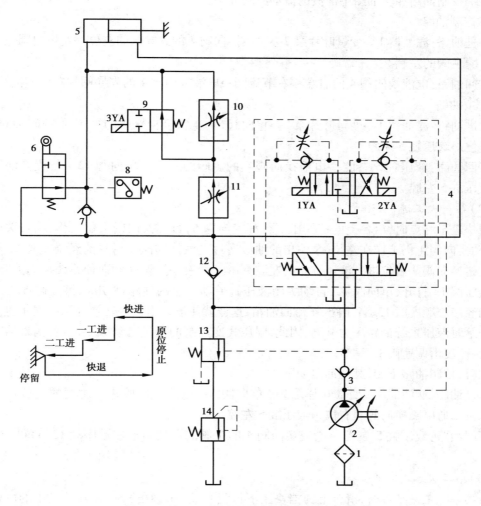

图 8.1　YT4543 型液压动力滑台的液压系统

1—滤油器;2—变量叶片泵;3,7,12—单向阀;4—电液换向阀;5—液压缸;6—行程换向阀;
8—压力继电器;9—二位二通电磁换向阀;10,11—调速阀;13—液控顺序阀;14—背压阀

8.1.2　YT4543 型动力滑台液压系统的工作原理

（1）快进

按下启动按钮,电液换向阀 4 的电磁铁 1YA 通电,使电液换向阀 4 的先导阀左位工作,控制油液经先导阀左位经单向阀进入主液动换向阀的左端控制油口,使其左位接入系统,变量叶片泵 2 输出的油液经主液动换向阀左位进入液压缸 5 的左腔（无杆腔）,因此时为空载,系统压力不高,液控顺序阀 13 仍处于关闭状态,故液压缸右腔（有杆腔）排出的油液经主液动换向阀左位也进入了液压缸的无杆腔,实现液压缸 5 的差动连接,限压式变量泵输出流量最大,动力滑台实现快进。

系统控制油路和主油路中油液的流动路线如下：

1）控制油路

①进油路：滤油器 1→变量叶片泵 2→电液换向阀 4 的先导阀的左位→左单向阀→电液换向阀 4 的主阀的左端。

②回油路：电液换向阀 4 的右端→右节流阀→电液换向阀 4 的先导阀的左位→油箱。

2）主油路

①进油路：滤油器 1→变量叶片泵 2→单向阀 3→电液换向阀 4 的主阀的左位→行程换向阀 6 下位→液压缸 5 左腔。

②回油路：液压缸 5 右腔→电液换向阀 4 的主阀的左位→单向阀 12→行程换向阀 6 下位→液压缸 5 左腔。

（2）第一次工进

当快进至终点时，滑台上的挡块压下行程换向阀 6，行程换向阀上位工作，阀口关闭。这时，液动换向阀 4 仍工作在左位，泵输出的油液通过电液换向阀 4 后只能经调速阀 11 和二位二通电磁换向阀 9 右位进入液压缸 5 的左腔。由于油液经过调速阀而使系统压力升高，因此液控顺序阀 13 打开，单向阀 12，自动关闭液压缸差动连接的油路被切断，液压缸 5 右腔的油液只能经液控顺序阀 13、背压阀 14 流回油箱，这样就使滑台由快进转换为第一次工进。由于工作进给时液压系统油路压力升高，因此，限压式变量泵的流量自动减小，滑台实现第一次工进，工进速度由调速阀 11 调节。

此时，控制油路不变，其主油路如下：

①进油路：滤油器 1→变量叶片泵 2→单向阀 3→电液换向阀 4 的主阀的左位→调速阀 11→二位二通电磁换向阀 9 右位→液压缸 5 左腔。

②回油路：液压缸 5 右腔→电液换向阀 4 的主阀的左位→液控顺序阀 13→背压阀 14→油箱。

（3）第二次工进

当第一次工进结束时，滑台上的挡块压下行程开关（未画出），行程开关发出的电信号使二位二通电磁换向阀 9 的电磁铁 3YA 通电，二位二通电磁换向阀 9 左位接入系统，切断了该阀所在的油路，经调速阀 11 的油液必须通过调速阀 10 进入液压缸 5 的左腔。此时液控顺序阀 13 仍开启。由于调速阀 10 的阀口开口量小于调速阀 11，系统压力进一步升高，限压式变量泵的流量进一步减小，使得进给速度降低，滑台实现第二次工进。工进速度可由调速阀 10 调节。

其主油路如下：

①进油路：滤油器 1→变量叶片泵 2→单向阀 3→电液换向阀 4 的主阀的左位→调速阀 11→调速阀 10→液压缸 5 左腔。

②回油路：液压缸 5 右腔→电液换向阀 4 的主阀的左位→液控顺序阀 13→背压阀 14→油箱。

（4）止位钉停留

当滑台完成第二次工进时，动力滑台与止位钉相碰撞，液压缸停止。这时，液压系统压力进一步升高，当达到压力继电器 8 的调定压力后，压力继电器动作，发出电信号并传给时间继电器,由时间继电器延时控制滑台停留时间。在时间继电器延时结束之前,动力滑台将停留在止位钉限定的位置上,并且停留期间液压系统的工作状态不变。停留时间可根据工艺要求由时间继电器来调定。设置止位钉的作用是可提高动力滑台行程的位置精度。

（5）快退

动力滑台停留时间结束后,时间继电器发出电信号,使电磁铁 2YA 通电,1YA,3YA 断电。这时,电液换向阀 4 的先导阀右位接入系统,液动换向阀的主阀也切换为右位工作,主油路换向。因滑台返回时为空载,液压系统压力低,变量泵的流量又自动恢复到最大值,故滑台快速退回。

其油路如下:

1）控制油路

①进油路:滤油器 1→变量叶片泵 2→电液换向阀 4 的先导阀的右位→右单向阀→电液换向阀 4 的主阀的右端。

②回油路:电液换向阀 4 的主阀的左端→左节流阀→电液换向阀 4 的先导阀的右位→油箱。

2）主油路

①进油路:滤油器 1→变量叶片泵 2→单向阀 3→电液换向阀 4 的主阀的右位→液压缸 5 右腔。

②回油路:液压缸 5 左腔→单向阀 7→电液换向阀 4 的主阀的右位→油箱。

（6）原位停止

当动力滑台快退到原始位置时,挡块压下行程开关（未画出）,使电磁铁 2YA 断电,这时电磁铁 1YA,2YA,3YA 都失电,电液换向阀 4 的先导阀及主阀都处于中位,液压缸 5 两腔被封闭,动力滑台停止运动,滑台锁紧在起始位置上。

其油路如下:

1）控制油路

回油路:电液换向阀 4 的主阀的左端→左节流阀→电液换向阀 4 的先导阀的中位→油箱。
电液换向阀 4 的主阀的右端→右节流阀→电液换向阀 4 的先导阀的中位→油箱。

2）主油路

①进油路:滤油器 1→变量叶片泵 2→单向阀 3→电液换向阀 4 的先导阀的中位→油箱。

②回油路:液压缸 5 左腔→单向阀 7→电液换向阀 4 的先导阀的中位（堵塞）。

液压缸 5 右腔→电液换向阀 4 的先导阀的中位（堵塞）。

8.1.3　YT4543 型动力滑台液压系统的特点

通过对 YT4543 型动力滑台液压系统的分析可知,该系统具有以下特点:

①该系统采用了由限压式变量泵和调速阀组成的进油路容积节流调速回路,这种回路能使动力滑台得到稳定的低速运动和较好的速度负载特性,而且由于系统无溢流损失,系统效率较高。

②该系统采用了限压式变量泵和液压缸的差动连接回路来实现快速运动,使能量的利用比较经济合理。

③系统采用行程阀和液控顺序阀实现快进与工进的速度换接,动作可靠,速度换接平稳。同时,调速阀可起到加载的作用。

④在行程终点采用了止位钉停留,不仅提高了进给时的位置精度,还扩大了动力滑台的工艺范围,更适合于镗削阶梯孔、刮端面等加工工序。

⑤因采用了调速阀串联的二次进油路节流调速方式,故启动和速度换接时的前冲量较小,且便于利用压力继电器发出信号进行控制。

8.2　数控车床液压系统分析

8.2.1　概述

装有数控程序控制系统的车床简称数控车床。目前,在数控车床上,大多采用了液压传动技术。下面介绍 MJ-50 型数控车床的液压系统。如图 8.2 所示为该系统的原理图。

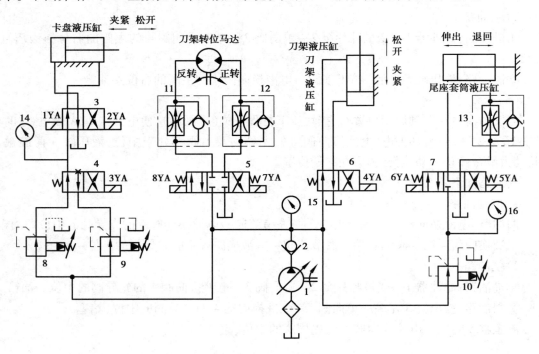

图 8.2　MJ-50 型数控车床的液压系统
1—变量泵;2—单向阀;3,4,5,6,7—换向阀;
8,9,10—减压阀;11,12,13—单向调速阀;14,15,16—压力表

机床中由液压系统实现的动作有卡盘的夹紧与松开、刀架的夹紧与松开、刀架的正转与反转、尾座套筒的伸出与缩回。该液压系统中各电磁铁动作顺序见表8.2。

表 8.2　电磁铁动作顺序表

各种项目			电磁铁							
			1YA	2YA	3YA	4YA	5YA	6YA	7YA	8YA
卡盘正卡	高压	夹紧	+	−	−					
		松开	−	+	−					
	低压	夹紧	+	−	+					
		松开	−	+	−					
卡盘反卡	高压	夹紧		+						
		松开	+	−	−					
	低压	夹紧		+						
		松开			+					
刀架	正转								−	+
	反转								+	−
	松开					+				
	夹紧					−				
尾座	套筒伸出						−	+		
	套筒退回						+	−		

8.2.2　液压系统的工作原理

机床的液压系统采用单向变量泵供油,系统压力调至 4 MPa,压力由压力表 15 显示,如图 8.2 所示。泵输出的压力油经过单向阀进入系统。其工作原理分析如下:

(1)卡盘的夹紧与松开

当卡盘处于正卡(或称外卡)且在高压夹紧状态下,夹紧力的大小由减压阀 8 来调整,夹紧压力由压力表 14 来显示。当 1YA 通电时,阀 3 左位工作,系统压力油经阀 8、阀 4、阀 3 进入液压缸右腔,液压缸左腔的油液经阀 3 直接回油箱。此时,活塞杆左移,卡盘夹紧;反之,当 2YA 通电时,阀 3 右位工作,系统压力油经阀 8、阀 4、阀 3 进入液压缸左腔,液压缸右腔的油液经阀 3 直接回油箱,活塞杆右移,卡盘松开。

当卡盘处于正卡且在低压夹紧状态下,夹紧力的大小由减压阀 9 来调整。这时,3YA 通电,阀 4 右位工作。阀 3 的工作情况与高压夹紧时相同。

(2)回转刀架的回转

回转刀架换刀时,首先是刀架松开,然后刀架转位到指定的位置,最后刀架复位夹紧。当 4YA 通电时,阀 6 右位工作,刀架松开。当 8YA 通电时,液压马达带动刀架正转,转速由单向调速阀 11 控制。若 7YA 通电时,则液压马达带动刀架反转,转速由单向调速阀 12 控制。当 4YA 断电时,阀 6 左位工作,液压缸使刀架夹紧。

（3）尾坐套筒的伸缩运动

当 6YA 通电时，阀 7 左位工作，系统压力油经减压阀 10、换向阀 7 进入尾座套筒液压缸的左腔，液压缸右腔油液经单向调速阀 13、阀 7 回油箱，缸筒带动尾座套筒伸出，伸出时的预紧压力大小通过压力表 16 显示；反之，当 5YA 通电时，阀 7 右位工作，液压系统压力油经减压阀 10、换向阀 7、单向调速阀 13 进入液压缸右腔，液压缸左腔的油液经阀 7 流回油箱，套筒缩回。

8.2.3　液压系统的特点

①采用单向变量液压泵向系统供油，能量损失小。

②用换向阀控制卡盘，实现高压和低压夹紧的转换，并且分别调节高压夹紧或低压夹紧压力的大小。这样，可根据工作情况调节夹紧力，操作方便、简单。

③用液压马达实现刀架转位，可实现无级调速，并能控制刀架正反转。

④用换向阀控制尾座套筒液压缸的换向，以实现套筒的伸出或缩回，并能调节尾座套筒伸出工作时的预紧力大小，以适应不同的需要。

⑤压力表 14,15,16 可分别显示系统相应的压力，以便于故障诊断和调试。

8.3　万能外圆磨床液压传动系统分析

8.3.1　概述

（1）对外圆磨床工作台往复运动的要求

①工作台运动精度能在 0.05 ~ 4 m/min 实现无级调速。若在高精度磨床上进行镜面磨削，其修整砂轮的速度最低为 10 ~ 30 mm/min，并要求运动平稳、无爬行现象。

②在上述的速度变化范围内能够自动换向，换向过程要平稳，冲击要小，启动、停止要迅速。

③换向精度要高。同一速度下，换向点变动量应小于 0.02 mm；不同速度下，换向点变动量应小于 0.2 mm。

④换向前工作台在两端能够停留，停留时间能在 0 ~ 5 s 调节。

⑤工作台可作微量抖动。工作台需作短距离（1 ~ 3 mm）频繁的往复运动，其往复频率为 1 ~ 3 次/s。

（2）外圆磨床工作台换向回路

外圆磨床工作台的换向回路一般分为两类：一类是时间控制制动式换向回路；另一类是行程控制制动式换向回路。

行程控制制动式换向回路如图 8.3 所示。换向回路中的主要元件是机液换向阀，该阀由起先导作用的机动先导阀 1 和液动主换向阀 2 组成，其特点是先导阀不仅对操纵主阀的控制压力油起控制作用，还直接参与工作台换向制动过程的控制。行程控制制动式换向的整个过程可分为制动、端点停留和反向启动 3 个阶段。

（3）万能外圆磨床液压传动系统原理图

如图 8.4 所示为 M1432A 型万能外圆磨床的液压传动系统原理图。

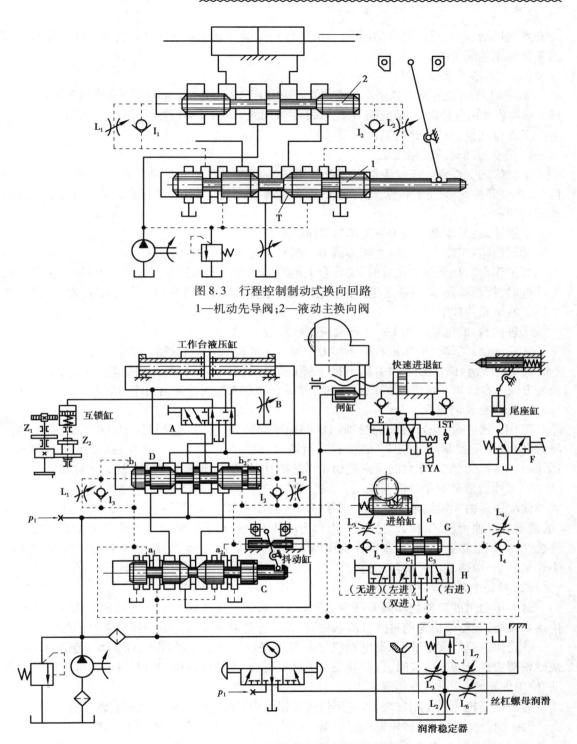

图 8.3　行程控制制动式换向回路

1—机动先导阀;2—液动主换向阀

图 8.4　M1432A 型万能外圆磨床的液压系统

8.3.2　M1432A 型万能外圆磨床液压系统的工作原理

该机床的液压系统能够完成的主要任务是:工作台的往复运动、砂轮架的横向快速进退运动和周期进给运动,尾座顶尖的退回运动,工作台手动与液压互锁以及砂轮架丝杠螺母间隙的消除及机床的润滑等。

（1）工作台的往复运动

M1432A 型万能外圆磨床工作台的往复运动用 HYY21/3P-25T 型专用液压操纵箱进行控制。该操纵箱主要由开停阀 A、节流阀 B、先导阀 C、换向阀 D 及抖动缸等元件组成,如图 8.4 所示。

工作台往复运动油路的工作原理如下:

1）往复运动时液流路线

本机床的工作台液压缸为活塞杆固定、缸体移动的活塞双杆式液压缸。在如图 8.4 所示的状态下,开停阀 A 处于右位,先导阀 C 和换向阀 D 都处于右位,工作台向右运动,主油路的液流路线如下:

①进油路:液压泵→阀 D→工作台液压缸右腔。

②回油路:工作台液压缸左腔→阀 D→阀 C→阀 A→阀 B→油箱。

当工作台右移到预定位置时,工作台上的左挡块拨动先导阀芯,并使它最终处于左端位置上。这时,控制油路 a_2 点接通压力油,a_1 点接通油箱,使换向阀 D 也处于左端位置。于是,主油路的液流路线如下:

①进油路:液压泵→阀 D→工作台液压缸左腔。

②回油路:工作台液压缸右腔→阀 D→阀 C→阀 A→阀 B→油箱。

此时,工作台向左运动,并在其右挡块碰上拨杆后发生与上述情况相反的变换,使工作台又改变方向向右运动。如此不停往返,直到开停阀 A 拨到左位时才使运动停止下来。

2）工作台换向过程

工作台换向时,先导阀 C 先受到挡块的操纵而移动,接着又受到抖动缸的操纵而产生快跳;换向阀 D 的控制油则先后 3 次变换通流情况,使其阀芯产生第一次快跳、慢速移动和第二次快跳。这样,就使工作台的换向经历了迅速制动、停留和迅速反向启动的 3 个阶段。

3）工作台液动与手动的互锁

此动作是由互锁缸来实现的。当开停阀 A 处于如图 8.4 所示的位置时,互锁缸通入压力油,推动活塞使齿轮 Z_1 和 Z_2 脱开,工作台运动就不会带动手轮转动。当开停阀 A 的左位接入系统时,互锁缸接通油箱,活塞在弹簧作用下移动,使齿轮 Z_1 和 Z_2 啮合,工作台就可通过摇动手轮来移动,以调整工件的加工位置。

（2）砂轮架的快速进退运动

这个运动由砂轮架快动阀 E 操纵,由快动缸来实现。在如图 8.4 所示的状态下,阀 E 右位接入系统,砂轮架快速前进到最前端位置,此位置是靠活塞与缸盖的接触来保证的。

砂轮架进退与头架、冷却泵电动机之间可以联动。当将快动阀 E 的手柄扳至图示位置,使砂轮架快进至加工位置时,行程开关 1ST 触头闭合,主轴电动机和冷却泵电动机随即同时启动,使工件旋转,并输出冷却液。

为了保证机床的使用安全,砂轮架快速进退与内圆磨头使用位置之间实现了互锁。

为了确保操作安全,砂轮架快速进退与尾座顶尖的动作之间也实现了互锁。

（3）砂轮架的周期进给运动

此运动由进给阀 G 操纵,由砂轮架进给缸通过其活塞上的拨爪、棘轮、齿轮及丝杠螺母等传动副来实现。进给阀 G 和选择阀 H 组合成周期进给操纵箱,如图 8.4 所示。在图示状态下,选择阀选定的是"双向进给",进给阀在控制油路的 a_1 和 a_2 点每次相互变换压力时,向左或向右移动一次(因为通道 d 与通道 c_1 和 c_2 各接通一次),于是砂轮架便作一次间歇进给。进给量大小由拨爪棘轮机构调整,进给快慢及平稳性则通过调整节流阀 L_3 和 L_4 来保证。

8.3.3　液压系统的主要特点

①采用了活塞杆固定的双杆式液压缸,可减小机床占地面积,同时也能保证左右两个方向运动速度一致。

②系统采用了简单节流阀式调速回路,功率损失小,这对调速范围不需要很大、负载较小且基本恒定的磨床来说是很适宜的。此外,回油节流的形式在液压回油腔中产生的背压力有助于工作台的制动,也有助于防止空气渗入系统。

③系统采用 HYY21/3P-25T 型快跳式操纵箱,结构紧凑,操纵方便,换向精度和换向平稳性都较高。此外,此操纵箱还能使工作台高频抖动,有利于提高切入磨削时的加工质量。

8.4　汽车起重机液压系统分析

8.4.1　概述

Q2-8 型汽车起重机的外形结构如图 8.5 所示。它由汽车 1、转台 2、支腿 3、吊臂变幅液压缸 4、基本臂 5、吊臂伸缩液压缸 6 和起升机构 7 等组成。由于起重机具有较高的行走速度和较大的承载能力,所以其调动与使用都非常灵活,机动性能也很好,并可在有冲击、振动、温度变化较大等环境较差的条件下工作。起重机一般采用中、高压手动控制系统。

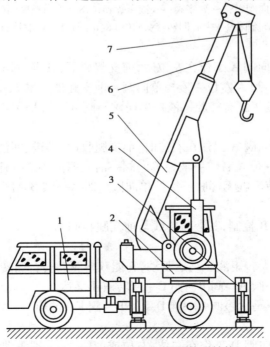

图 8.5　Q2-8 型汽车起重机的外形结构

1—汽车;2—转台;3—支腿;4—吊臂变幅液压缸;5—基本臂;6—串臂伸缩液压缸;7—起升机构

147

8.4.2　Q2-8 型汽车起重机液压系统的工作原理

Q2-8 型汽车起重机液压系统的工作原理如图 8.6 所示。整个系统由支腿收放、吊臂变幅、吊臂伸缩、转台回转及吊重起升 5 个工作回路所组成,且各部分都具有一定的独立性。

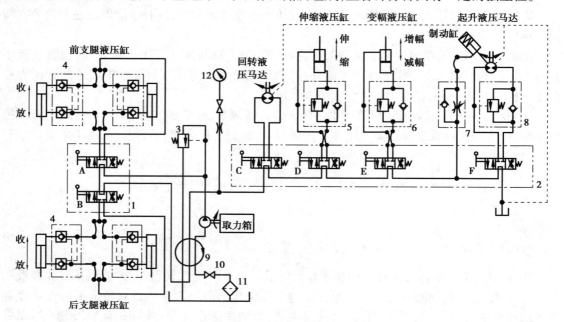

图 8.6　Q2-8 型汽车起重机液压系统
1,2—换向阀组;3—顺序阀;4—液压锁;5,6,8—单向顺序阀(平衡阀);
7—单向节流阀;9—中心回转接头;10—截止阀;11—过滤器;12—压力表

（1）支腿收放回路

当三位四通手动换向阀 A 工作在左位时,前支腿放下,其进、回油路线如下:

①进油路:液压泵→阀 A 左位→液控单向阀→前支腿液压缸无杆腔。

②回油路:前支腿液压缸有杆腔→液控单向阀→阀 A→阀 B→阀 C→阀 D→阀 E→阀 F→油箱。

当三位四通手动换向阀 A 工作在右位时,前支腿收回,其进、回油路线如下:

①进油路:液压泵→阀 A 右位→液控单向阀→前支腿液压缸有杆腔。

②回油路:前支腿液压缸无杆腔→液控单向阀→阀 A→阀 B→阀 C→阀 D→阀 E→阀 F→油箱。

后支腿液压缸用阀 B 控制,其液流路线与前支腿相同。

（2）转台回转回路

转台的回转由一个大转矩液压马达驱动,它能双向驱动转台回转。其液流路线如下:

①进油路:液压泵→阀 A→阀 B→阀 C→回转液压马达。

②回油路:回转液压马达→阀 C→阀 D→阀 E→阀 F→油箱。

（3）吊臂伸缩回路

当三位四通手动换向阀 D 工作在左位、右位或中位时,分别驱动伸缩液压缸伸出、缩回或停止。当阀 D 右位时,吊臂伸出,其液流路线如下:

①进油路:液压泵→阀 A→阀 B→阀 C→阀 D→平衡阀 5 中的单向阀→伸缩液压缸无杆腔。

②回油路:伸缩液压缸有杆腔→阀 D→阀 E→阀 F→油箱。

当阀 D 左位时,吊臂缩回,其油流路线如下:

①进油路:液压泵→阀 A→阀 B→阀 C→阀 D→伸缩液压缸有杆腔。

②回油路:伸缩液压缸无杆腔→平衡阀 5 中的顺序阀→阀 D→阀 E→阀 F→油箱。

(4)吊臂变幅回路

吊臂变幅运动由三位四通手动换向阀 E 控制,在其工作过程中,改变手动换向阀 E 的开口和工作位置,即可调节变幅速度和变幅方向。

吊臂增幅时,三位四通手动换向阀 E 右位工作,其液流路线如下:

①进油路:液压泵→阀 A→阀 B→阀 C→阀 D→阀 E→阀 6 中的单向阀→变幅液压缸无杆腔。

②回油路:变幅液压缸有杆腔→阀 E→阀 F→油箱。

吊臂减幅时,三位四通手动换向阀 E 左位工作,其液流路线如下:

①进油路:液压泵→阀 A→阀 B→阀 C→阀 D→阀 E→变幅液压缸有杆腔。

②回油路:变幅液压缸无杆腔→平衡阀 6 中的顺序阀→阀 E→阀 F→油箱。

(5)吊重起升回路

吊重起升是系统的主要工作回路。吊重的起吊和落下作业由一个大转矩液压马达驱动卷扬机来完成。起升液压马达的正反转由三位四通手动换向阀 F 控制。马达转速的调节(即起吊速度)可通过改变发动机转速及手动换向阀 F 的开口来调节。回路中设有平衡阀 8,用以防止重物因自重而下滑。

8.4.3　Q2-8 型汽车起重机液压系统的特点

Q2-8 型汽车起重机的液压系统有以下 4 个特点:

①该系统为单泵、开式、串联系统,采用了换向阀串联组合,不仅各机构的动作可独立进行,而且在轻载作业时,可实现起升和回转复合动作,以提高工作效率。

②系统中采用了平衡回路、锁紧回路和制动回路,保证了起重机的工作可靠,操作安全。

③采用了三位四通手动换向阀换向,不仅可灵活、方便地控制换向动作,还可通过手柄操纵来控制流量,实现节流调速。

④各三位四通手动换向阀均采用了 M 型中位机能,换向阀处于中位时能使系统卸荷,可减少系统的功率损失,适宜于起重机进行间歇性工作。

8.5　液压系统故障诊断与分析

8.5.1　液压系统故障的诊断方法

(1)感观诊断法

1)看

观察液压系统的工作状态,一般有六看:

一看速度,即看执行元件运动速度有无变化。

二看压力,即看液压系统各测量点的压力有无波动现象。

三看油液,即观察油液是否清洁,是否变质,油量是否满足要求,油的黏度是否符合要求及表面有无泡沫等。

四看泄漏,即看液压系统各接头是否渗漏、滴漏和出现油垢现象。

五看振动,即看活塞杆或工作台等运动部件运行时,有无跳动、冲击等异常现象。

六看产品,即从加工出来的产品判断运动机构的工作状态,观察系统压力和流量的稳定性。

2)听

用听觉来判断液压系统的工作是否正常,一般有四听:

一听噪声,即听液压泵和系统的噪声是否过大,液压阀等元件是否有尖叫声。

二听冲击声,即听执行部件换向时冲击声是否过大。

三听泄漏声,即听油路通道内部有无细微而连续不断的声响。

四听敲打声,即听液压泵和管路中是否有敲打撞击声。

3)摸

用手摸运动部件的温升和工作状况,一般有四摸:

一摸温升,即用手摸泵、油箱和阀体等温度是否过高。

二摸振动,即用手摸运动部件和管子有无振动。

三摸爬行,即当工作台慢速运行时,用手摸其有无爬行现象。

四摸松紧度,即用手拧一拧挡铁、微动开关等的松紧程度。

4)闻

闻主要是闻油液是否有变质异味。

5)查

查是查阅技术资料及有关故障分析与修理记录和维护保养记录等。

6)问

问是询问设备操作者,了解设备的平时工作状况。一般有六问:

一问液压系统工作是否正常。

二问液压油最近的更换日期,滤网的清洗或更换情况等。

三问事故出现前调压阀或调速阀是否调节过,有无不正常现象。

四问事故出现之前液压件或密封件是否更换过。

五问事故出现前后液压系统的工作差别。

六问过去常出现哪些故障及排除经过。

(2)逻辑分析法

采用逻辑分析法诊断液压系统故障通常有两个出发点:一是从主机出发,主机故障也就是指液压系统执行机构工作不正常;二是从系统本身故障出发,有时系统故障在短时间内并不影响主机,如油温的变化、噪声增大等。

(3)专用仪器检测法

专用仪器检测法即采用专门的液压系统故障检测仪器来诊断系统故障。该仪器能对液压系统故障做定量的检测。

(4)状态监测法

状态监测法用的仪器种类很多,通常主要有压力传感器、流量传感器、位移传感器及油温监测仪等。

8.5.2　液压系统常见故障及排除方法

液压系统常见故障及排除方法见表8.3。

表8.3　液压系统常见故障及排除方法

故障现象	产生原因	排除方法
系统无压力或压力不足	①溢流阀开启,由于阀芯被卡住,不能关闭,阻尼孔堵塞,阀芯与阀座配合不好或弹簧失效 ②其他控制阀阀芯由于故障卡住,引起卸荷 ③液压元件磨损严重或密封损坏,造成内外泄漏 ④液位过低,吸油堵塞或油温过高 ⑤泵转向错误,转速过低或动力不足	①修研阀芯与阀体,清洗阻尼孔,更换弹簧 ②找出故障部位,清洗或研修,使阀芯在阀体内能够灵活运动 ③检查泵、阀及管路各连接处的密封性,修理或更换零件和密封件 ④加油,清洗吸油管路或冷却系统 ⑤检查动力源
流量不足	①油箱液位过低,油液黏度较大,过滤器堵塞引起吸油阻力过大 ②液压泵转向错误,转速过低或空转磨损严重,性能下降 ③管路密封不严,空气进入 ④蓄能器漏气,压力及流量供应不足 ⑤其他液压元件及密封件损坏引起泄漏 ⑥控制阀动作不灵敏	①检查油位,补油,更换黏度适宜的液压油,保证吸油管直径足够大 ②检查原动机、液压泵及变量机构,必要时换液压泵 ③检查管路连接及密封是否正确、可靠 ④检修蓄能器 ⑤修理或更换 ⑥调整或更换
泄漏	①接头松动,密封损坏 ②阀与阀板之间的连接不好或密封件损坏 ③系统压力长时间大于液压元件或附近的额定工作压力,使密封件损坏 ④相对运动零件磨损严重,间隙过大	①拧紧接头,更换密封 ②改善阀与阀板之间的连接,更换密封 ③限定系统压力,或更换许用压力较高的密封件 ④更换磨损零件,减小配合间隙
油温过高	①冷却器通过能力下降或出现故障 ②油箱容量小或散热性差 ③压力调整不当,长期在高压下工作 ④管路过细且弯曲,造成压力损失增大,引起发热 ⑤环境温度较高	①排除故障或更换冷却器 ②增大油箱容量,增设冷却装置 ③限定系统压力,必要时改进设计 ④加大管径,缩短管路,使油液流动通畅 ⑤改善环境,隔绝热源
振动	①液压泵:密封不严吸入空气,安装位置过高,吸油阻力大,齿轮形状精度不够,叶片卡死断裂,柱塞卡死,移动不灵活,零件磨损使间隙过大 ②液压油:液位太低,吸油管插入液面深度不够,油液黏度太大,过滤器堵塞 ③溢流阀:阻尼孔堵塞,阀芯与阀体配合间隙过大,弹簧失效	①更换吸油口密封,吸油管口至泵进油口高度要小于500 mm,保证吸油管直径,修复或更换损坏的零件 ②加油,增加吸油管长度到规定液面深度,更换合适黏度的液压油,清洗过滤器 ③清洗阻尼孔,修配阀芯与阀体的间隙,更换弹簧 ④清洗,去毛刺

续表

故障现象	产生原因	排除方法
振动	④其他阀芯移动不灵活 ⑤管道：管道细长，没有固定装置，互相碰撞，吸油管与回油管相距太近 ⑥电磁铁：电磁铁焊接不良，弹簧过硬或损坏，阀芯在阀体内卡住 ⑦机械：液压泵与电动机联轴器不同轴或松动，运动部件停止时有冲击，换向时无阻尼，电动机振动	⑤设置固定装置，扩大管道间距及吸油管和回油管间距离 ⑥重新焊接，更换弹簧，清洗及研配阀芯和阀体 ⑦保持泵与电动机轴的同心度不大于0.1 mm，采用弹性联轴器，紧固螺钉，设置阻尼或缓冲装置，电动机作平衡处理
冲击	①蓄能器充气压力不够 ②工作压力过高 ③先导阀、换向阀制动不灵及节流缓冲慢 ④液压缸端部无缓冲装置 ⑤溢流阀故障使压力突然升高 ⑥系统中有大量空气	①给蓄能器充气 ②调整压力至规定值 ③减少制动锥倾斜角或增加制动锥长度，修复节流缓冲装置 ④增设缓冲装置或背压阀 ⑤修理或更换 ⑥排除空气

思考题与习题

8.1　如图 8.1 所示的 YT4543 型液压动力滑台液压系统是由哪些基本液压回路组成的？如何实现差动连接？采用止位钉停留有何作用？

8.2　万能外圆磨床液压系统为什么要采用行程控制制动式换向回路？万能外圆磨床工作台换向过程分为哪几个阶段？试根据如图 8.4 所示的 M1432A 型万能外圆磨床液压系统说明工作台的换向过程。

8.3　在如图 8.6 所示的 Q2-8 型汽车起重机液压系统中，为什么采用弹簧复位式手动换向阀控制各执行元件动作？

8.4　用所学的液压元件组成一个能完成"快进→一工进→二工进→快退"动作循环的液压系统，并画出电磁铁动作顺序表，指出该系统的特点。

8.5　试分析将如图 8.1 所示的 YT4543 型液压动力滑台液压系统由限压式变量泵供油改为双联泵和单定量泵供油时，其系统的不同点。

8.6　在如图 8.1 所示的 YT4543 型液压动力滑台液压系统中，单向阀 3,7,12 在油路中起什么作用？

8.7　造成液压油温度过高的原因有哪些？如何解决？

第**9**章

液压伺服控制和电液比例控制技术

液压伺服控制是液压技术中一个较新的分支,而且也是控制领域中的一个重要组成部分。本章简要介绍液压伺服控制系统的工作原理、组成和主要元件,以及机、电、液一体化控制技术的应用等。

9.1 液压伺服控制系统的工作原理和组成

9.1.1 液压伺服控制系统的工作原理

液压伺服控制系统是由液压控制元件和液压执行元件、动力元件(动力机构)组成的控制系统。

如图9.1所示为一个简单的机液伺服控制系统。它由滑阀式液压伺服阀1(控制元件)和液压缸2(执行元件)组成。同时,伺服阀阀体与液压缸缸体刚性联接,能实现机械反馈,因此,这是一个闭环控制系统。

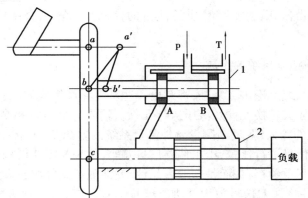

图9.1 机液伺服控制系统工作原理图
1—伺服阀;2—液压缸

其工作原理如下:用脚踩踏板给连杆上端向右输入运动,使连杆 a 点移至 a' 位置,连杆以

153

c 为支点旋转,使 b 点右移至 b' 点并带动阀芯右移,阀口 A 和 B 开启,致使高压油经 B 口流入油缸右腔,油缸左腔的油液经 A,T 口回油箱,于是缸体向右移动;缸体的运动使阀口 A,B 逐渐关小,直到阀芯重新盖住阀口 A 和 B,活塞停止移动。如果连杆上端的位置连续不断地变化,则缸体的位置也连续不断地跟随运动。在该系统中,执行机构能迅速、准确地复现系统输入。因此,它是一个自动跟踪系统,也称随动系统。系统的工作原理可用如图 9.2 所示的方块图表示。

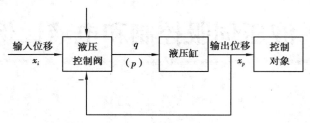

图 9.2　系统工作原理方块图

从上述工作原理可知,液压伺服系统输出和输入之间要有误差,系统才能有动作。而油缸的运动又通过反馈力图减少并消除这个误差。误差一旦消失,系统的运动也就停止。在一般液压传动系统中,因阀与缸采用非刚性联接,不具有反馈功能,故只要控制阀口有一个开口量输入,油缸就以一定的速度运动,一直到走完油缸的全部行程为止,不能实现精确的位置控制,仅能起力或功率的放大作用。这就是液压伺服系统与一般液压传动系统的主要区别。

从上面的例子可知,液压伺服控制系统的工作特点如下:

在系统的输出和输入之间存在反馈联接,从而组成闭环控制系统。上面的例子中反馈介质是机械联接,称为机械反馈。因此,该系统也称机械-液压伺服系统。一般来说,反馈介质可以是机械的、电气的、气动的、液压的,也可以是它们的组合形式。

系统的主反馈是负反馈,即反馈信号与输入信号相反,两者相比较得出偏差信号,如该系统中的滑阀开口量。该偏差信号控制液压能源输入液压执行元件的能量,使其向减小偏差的方向运动,即以偏差来消除偏差。

系统输入信号的功率很小,而系统输出功率可达到很大。因此,它是一个功率放大装置。功率放大所需的能量由液压能源供给,供给能量的控制是根据伺服系统偏差的大小自动进行的。

9.1.2　液压伺服控制系统的组成

实际的液压伺服系统无论多么复杂,都是由一些基本元件组成的。它包括输入元件、反馈测量元件、比较元件、放大转换元件及液压执行元件。输入元件也称指令元件,它给出输入信号(指令信号)至系统的输入端;反馈测量元件测量系统的输出量,并转换成反馈信号;比较元件将反馈信号与输入信号进行比较,给出偏差信号,输入信号与反馈信号应是相同形式的物理量。比较元件有时并不单独存在,而是与输入元件、反馈测量元件或放大元件一起构成一个组合元件;放大转换元件将偏差信号放大并进行能量形式的转换,如放大器、电液伺服阀、滑阀等,放大转换元件的输出级是液压的,前置级可以是电气的、液压的、气动的、机械的,也可以是它们的组合形式;执行元件产生调节动作并施加至控制对象上,实现调节任务。液压执行元件通常是液压缸或液压马达。液压伺服控制系统的组成如图 9.3 所示。

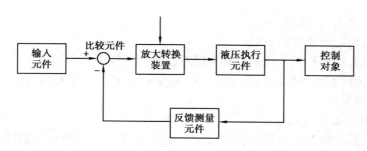

图9.3 液压伺服控制系统的组成

液压伺服系统可分为节流式(阀控式)系统和容积式(变量泵控制或变量马达控制)系统两类。

其中,阀控系统又可分为阀控液压缸系统和阀控液压马达系统两类;容积控制系统又分为伺服变量泵系统和伺服变量马达系统两类。

阀控伺服系统的优点是响应速度快、控制精度高;其缺点是效率低。由于它的性能优越,因此得到广泛的应用,特别是在快速、高精度的中小功率伺服系统中应用很广。泵控伺服系统的优点是效率高;其缺点是响应速度较慢,结构复杂。另外,操纵变量机构所需的力较大,需要专门的操纵机构,使系统复杂化。泵控伺服系统适合于大功率(20 kW 以上)而响应速度要求不高的场合。

9.1.3 液压伺服控制系统的优缺点

(1)液压伺服控制系统的优点

①体积小、质量小。液压元件的功率质量比大,因而可组成体积小、质量小、加速能力强和反应快速的系统来控制大功率和大负载。

②液压执行元件快速性好,系统响应速度快。液压执行元件对流量-速度而言,基本上是一个固有频率很高的二阶振荡环节,其固有频率由液压弹簧与负载质量耦合而成,因为油的压缩性很小,所以液压弹簧刚度很大。液压元件的力矩-惯量比又大,因此,液压固有频率很高,从而使液压执行元件的响应速度快,能高速启动、制动与反向。因液压固有频率很高,故可使回路的增益提高、频带加宽、系统响应速度加快。例如,与液压系统具有相同压力和负载的气动系统,其响应速度只有液压系统的1/50。一般来说,电气系统的响应速度也不如液压系统。

③液压伺服控制系统抗负载的刚度大,即输出位移受外负载的影响小,控制精度高。这一点是电气与气动控制系统所不能比拟的。

因液压执行元件的液压弹簧刚度很大,而泄漏又很小,故速度刚度大。液压马达开环速度刚度比类似的电动系统约高5倍。因开环速度刚度大,故组成闭环位置控制系统时,其位置刚度(闭环刚度)也大。另外,液压固有频率高,允许回路增益提高,这也使位置刚度增大。电动机的位置刚度接近于零,因此,电动机只能用来组成闭环位置控制系统。在闭环控制时,为了得到同样的位置刚度,电气系统所需的回路增益要大得多,增加了系统的复杂性。由于气动系统中气体的可压缩性,因此,其位置刚度低,液压系统的位置刚度约为气动系统的400倍。

综上所述,液压伺服控制系统体积小、质量小、响应速度快、控制精度高,这些优点对伺服系统来说是极其重要的。除此之外,还有以下一些优点:

①元件的润滑性好、寿命长。

②调速范围宽、低速稳定性好。

③借助油管,动力的传输较方便。

④借助蓄能器,能量储存较方便。

⑤借助泵和阀,液压执行元件的开环和闭环控制都很简单。

⑥液压执行元件有直线位移式和旋转位移式两种,这就提高了它的适应性。

⑦过载保护容易等。

(2)液压伺服控制系统的缺点

①抗油污能力差,特别是电液伺服阀抗油污能力差,对工作油液的清洁度要求高。被污染的油液会使阀磨损而降低其性能,甚至可能被堵塞黏住而不能工作,这通常是液压控制系统发生故障的主要原因。因此,液压伺服控制系统必须采用精细的过滤器。

②系统性能易受温度影响。液体的体积弹性模量随温度和混入油中的空气含量而变。当温度变化时,对系统性能有显著影响。与此相反,温度对气体的体积弹性模量影响很小,因此,对气动控制系统的工作性能影响不大。温度对液体的黏度影响很大,低温时摩擦损失增大;高温时泄漏增加,并容易产生气穴现象。因气体的黏度很小,故温度对气体的影响可忽略不计。

③容易引起泄漏。当液压元件的密封装置设计、制造或使用维护不当时,容易引起外漏,造成环境污染。同时,目前液压系统仍广泛采用可燃性石油基液压油,油液溢出会引起火灾,故某些场合不适用。但是,这种情况已随着抗燃液压油的应用而逐步得到改善。

④液压伺服元件制造精度要求高,成本较高。

⑤液压能源的获得不像电能那样方便,也不像气源那样易于储存。

⑥如果液压能源与执行机构的距离较远,使用长管道联接会增加能量损耗,并使系统的响应速度降低,甚至引起系统不稳定。

9.2 液压伺服阀

伺服阀是一种根据输入信号及输出信号反馈量连续成比例地控制流量和压力的液压控制阀。根据输入信号的方式不同,可分电液伺服阀和机液伺服阀。根据结构形式不同,可分为滑阀式、喷嘴挡板式和射流管式3种。这里仅介绍滑阀式伺服阀和喷嘴挡板式伺服阀。

9.2.1 滑阀式伺服阀

滑阀式伺服阀结构上与滑阀式换向阀很相似,都由阀芯及阀体组成,但前者配合精度较高。根据阀芯对流体的有效控制边数,滑阀式伺服阀可分为单边、双边和四边滑阀3种,如图9.4所示。

根据滑阀阀芯在中位时阀口的预开口量不同,滑阀可分为负开口(正遮盖)、零开口(零遮盖)和正开口(负遮盖)3种形式,如图9.5所示。负开口在阀芯开启时存在一个死区且流量特性为非线性,故很少采用;正开口在阀芯处于中位时存在泄漏且泄漏较大,故一般不用于大功率控制场合,另外,它的流量增益也是非线性的。比较而言,应用最广、性能最好的是零开口结构,但完全的零开口在工艺上是难以达到的,因此,实际的零开口允许小于 ±0.025 mm 的微小开口量偏差。

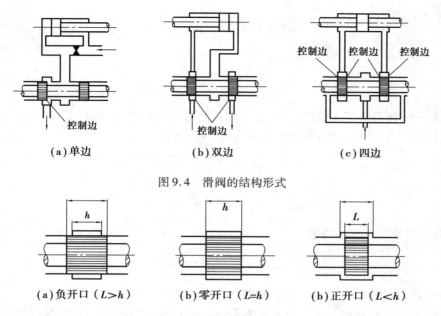

图 9.4　滑阀的结构形式

　　（a）单边　　　　　　　（b）双边　　　　　　　（c）四边

　　（a）负开口（$L>h$）　　　（b）零开口（$L=h$）　　　（b）正开口（$L<h$）

图 9.5　滑阀的开口形式

9.2.2　滑阀式伺服阀的静态特性

　　液压伺服阀接收小功率的输入信号，对大功率的压力油进行调节和分配，实现控制功率的转换和放大。因此，它实际上是一个液压放大器。

　　滑阀式伺服阀的静态特性通常是指稳态情况下阀的输入信号 x_v（阀芯位移）与阀的负载、流量 q_L、负载压力 p_L 三者之间的关系，即

$$q_L = f(x_v, p_L)$$

　　以如图 9.6 所示零开口四边滑阀为例来分析。图示位置阀芯向右偏移，阀口 1 和 3 开启，阀口 2 和 4 关闭。压力油源 p_p 经阀口 1 通往液压缸，液压缸的回油经阀口 3 回油箱。因阀口开度很小，因此，在进回油路上起节流作用，阀口 1 处压力由 p_p 降为 p_1，流量为 q_1，阀口 3 处的压力由 p_2 降为零，流量为 q_3。当负载条件下进入伺服阀的流量为 q_p，进入液压缸的负载流量为 q_1 时，则在液压缸为双出杆形式时可得到下列方程，即

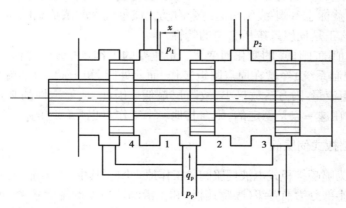

图 9.6　零开口四边滑阀

157

$$q_1 = C_d A_1 \sqrt{\frac{2}{\rho}(p_p - p_1)} \tag{9.1}$$

$$q_3 = C_d A_3 \sqrt{\frac{2}{\rho}p_2} \tag{9.2}$$

$$q_p = q_1 = q_L = q_3 \tag{9.3}$$

式中 A_1,A_3——阀口 1 和 3 的过流面积,当阀芯为对称结构时,$A_1 = A_3$;$q_1 = q_3$。

由此可得 $p_p - p_1 = p_2$,又因负载压力 $p_L = p_1 - p_2$,故

$$p_1 = \frac{p_p + p_L}{2} \tag{9.4}$$

$$p_2 = \frac{p_p - p_L}{2} \tag{9.5}$$

阀口的压力流量方程可写成为

$$q_L = C_d \omega x \sqrt{\frac{p_p - p_L}{\rho}} \tag{9.6}$$

式中 ω——阀口面积梯度,当窗口为全圆周时,$\omega = \pi D$。

式(9.6)表示了伺服阀处于稳态时各参量(q_L,x,p_p,p_L)之间的关系,故称静特性方程。

对式(9.6)在零点($x_v = 0$)位置进行线性化处理后的表达式为

$$q_L = K_q x_v \tag{9.7}$$

流量放大系数、流量-压力系数及压力放大系数为

$$K_q = \frac{\partial q_L}{\partial x}\Big|_{p_L = 常数}$$

$$K_c = -\frac{\partial q_L}{\partial p_L}\Big|_{x = 常数} \tag{9.8}$$

$$K_p = \frac{\partial q_L}{\partial x}\Big|_{q_L = 常数}$$

值得注意的有以下两点:

①伺服阀的 3 个系数是表征阀静态特性的 3 个性能参数,这些系数在确定系统的稳定性、响应特性时是非常重要的。流量增益直接影响系统的开环放大系数,因此,对系统的稳定性、响应特性和稳态误差有直接的影响。流量-压力系数直接影响阀-液压马达组合的阻尼系数和速度刚性。压力增益标志着阀-液压马达组合启动大惯量或大摩擦负载的能力,阀的这个参数可达到很高数值,这正是伺服系统所希望的特性。

②阀系数的数值随工作点的变化而变化。最重要的工作点是压力-流量曲线的原点($x_v = 0$),因系统(位置控制系统)经常在原点附近工作,而此处阀(矩形阀口)的流量增益最大,因而系统的增益最高,但流量-压力系数最小,故阻尼最低。因此,从稳定性的观点看,这一点是最关键的。如果系统在这一点是稳定的,则在其他各个工作点也是稳定的。

9.2.3 喷嘴挡板式伺服阀

如图 9.7 所示为喷嘴挡板式电液伺服阀的工作原理图。其中,上半部分为电气-机械转换装置,即力矩马达;下半部分为前置级(喷嘴挡板)和主滑阀。当无电流信号输入时,力矩马达无力矩输出,与衔铁 5 固定在一起的挡板 9 处于中位,主滑阀阀芯也处于中(零)位。液压泵输出的油

液以压力进入主滑阀阀口,因阀芯两端台肩将阀口关闭,油液不能进入 A,B 口,但经固定节流孔 10 和 13 分别引到喷嘴 8 和 7,经喷射后,液流流回油箱。由于挡板处于中位,两喷嘴与挡板的间隙相等,因而油液流经喷嘴的液阻相等,则喷嘴前的压力与 A 相等,主滑阀阀芯两端压力相等,主阀芯处于中位。若线圈输入电流,控制线圈中将产生磁通,使衔铁上产生磁力矩。当磁力矩为顺时针方向时,衔铁将连同挡板一起绕弹簧管中的支点顺时针偏转。其中,左喷嘴 8 的间隙减小,右喷嘴 7 的间隙增大,即压力 p_1 增大,p_2 减小,主滑阀阀芯向右运动,开启阀口,压力油与 B 相通,而 A 与 T 相通。在主滑阀阀芯向右运动的同时,通过挡板下端的反馈弹簧 11 反馈作用使挡板逆时针方向偏转,使左喷嘴 8 的间隙增大,右喷嘴 7 的间隙减小,于是压力 p_1 减小,p_2 增大。当主滑阀阀芯向右移到某一位置,两端压力差(p_1-p_2)形成的液压力通过反馈弹簧杆作用在挡板上的力矩、喷嘴液流压力作用在挡板上的力矩以及弹簧管的反力矩之和与力矩马达产生的电磁力矩相等时,主滑阀阀芯受力平衡,稳定在一定的开口下工作。

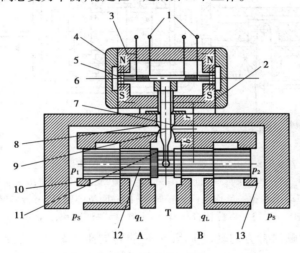

图 9.7　喷嘴挡板式电液伺服的工作原理
1—线圈;2,3—导磁体;4—永久磁铁;5—衔铁;6—弹簧管;
7,8—喷嘴;9—挡板;10,13—固定节流孔;11—反馈弹簧;12—主滑阀

显然,改变输入电流大小,可成比例地调节电磁力矩,从而得到不同的主阀开口大小。若改变输入电流的方向,主滑阀阀芯反向位移,可实现液流的反向控制。如图 9.7 所示,电液伺服阀的主滑阀阀芯的最终工作位置是通过挡板弹性反力反馈作用达到平衡的,故称力反馈式。除力反馈式以外,伺服阀还有位置反馈、负载反馈和负载压力反馈等。

9.3　典型液压伺服控制系统

9.3.1　机液伺服控制系统

机液伺服控制系统是指反馈环节为机械反馈的液压伺服控制系统。

(1)液压转向助力器

现代车辆常用液压转向助力器,以减轻操纵力而实现轻便的转向。如图 9.8 所示为机械反馈式液压助力机构的工作原理示意图。机械直线行驶时,随动阀阀芯10保持中间位置,来自油泵的液压油与油缸15两侧及油箱1均相通,系统内成空循环,使车辆保持直线行驶。

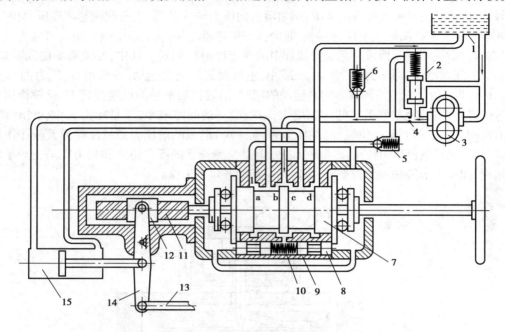

图9.8　机械反馈式液压助力机构的工作原理示意图

1—油箱;2—恒流阀;3—油泵;4—固定节流口;5—单向阀;6—安全阀;
7—随动阀芯;8—反作用阀;9—阀体;10—回位弹簧;11—转向螺杆;
12—转向螺母;13—直拉杆;14—转向垂臂;15—油缸;a,b,c,d—控制油口

转向时(如方向盘顺时针方向转动)时,因车轮的转向阻力较大,故此时转向螺母12不动,转向螺杆11向左移动,带动随动阀阀芯7相对阀体9也向左移动,使a,c两控制窗口开口加大,b,d两控制窗口关闭,使油缸15右腔通高压油,左腔的油液经随动阀回油箱,活塞向左运动。在活塞向左移动的过程中,一方面通过转向垂臂14、直拉杆13使车轮转向;另一方面通过转向垂臂14和转向螺母12的作用,使转向螺母12及转向螺杆11向右移动,一直进行到阀芯回复到中间位置,系统又形成空循环,车辆就以一定的转弯半径转向。逆时针方向转动方向盘时,油路反向。由于转向器阻力小,只需克服自己的摩擦力,故转向轻便。

(2)液压挖掘机随动系统

如图9.9所示为挖掘机工作装置的液压随动系统。操作手柄5与滑轮刚性联接。当操纵手柄顺时针转动α角时,带动中间接有刚性拉杆3的钢丝绳和链条4运动,由于油缸2的活塞杆与刚性拉杆3上端紧固联接,因此,整个油缸上升,通过油缸2与随动阀1的阀芯之间铰接的杠杆系统,使随动阀1的阀芯右移。于是,高压油经随动阀1进入执行油缸6的无杆腔,活塞右移,推动工作机构7也顺时针转动下落,与工作机构7刚性联接的滑轮10也顺时针方向转动,并放松联接于滑轮10和单作用油缸9的活塞杆上的钢丝绳,在与油缸2无杆腔联通的蓄能器8的油压力作用下,油从油缸2的有杆腔流向单作用油缸9的有杆腔,同时油缸2的缸体相对于活塞杆下落,通过杠杆系统推动随动阀1的阀芯左移,当阀芯回复到中间位置时,执行油缸6也就停止运动。当操纵手柄逆时针转动时,其工作过程分析与上述原理相同。

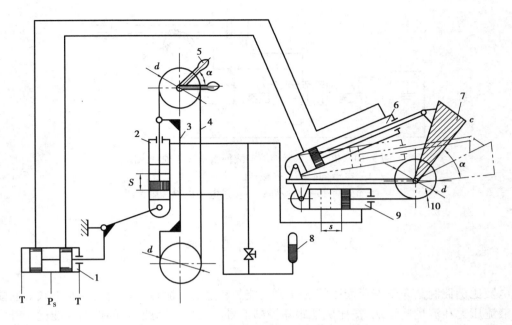

图 9.9　挖掘机工作装置的液压随动系统
1—随动阀 1;2—油缸;3—刚性拉杆;4—链条;5—操作手柄;6—执行油缸;
7—工作机构;8—蓄能器;9—单作用油缸;10—滑轮

9.3.2　电液伺服控制系统

电液伺服系统是指反馈环节为电信号的液压伺服控制系统。通常输入信号为电信号,电液伺服阀将输入的小功率电信号转换并放大成液压功率(负载压力和负载流量)输出,控制液压执行元件跟随输入信号而动作。

电液伺服系统根据被控物理量的不同,可分为位置控制、速度控制和力控制。这里以机械手电液伺服系统为例,介绍常用的位置控制电液伺服系统。

一般机械手包括 4 个电液伺服系统,分别控制机械手的伸缩、回转、升降及手腕(正爪、反爪)的动作。因 4 个系统的工作原理均相似,故以机械手伸缩电液伺服系统为例,介绍其工作原理。

如图 9.10 所示为机械手手臂伸缩电液伺服系统原理示意图。它由电液伺服阀 1、液压缸 2、活塞杆带动的机械手手臂 3、齿轮齿条 4、电位器 5、步进电动机 6 及放大器 7 等元件组成。当数字控制部分发出一定数量的脉冲信号时,步进电动机 6 带动电位器 5 的动触头转过一定的角度,使动触头偏移电位器中位,产生微弱电压信号,该信号经放大器 10 放大后输入电液伺服阀 1 的控制线圈,使伺服阀产生一定的开口量。假设此时压力油经电液伺服阀 1 进入液压缸左腔,推动活塞及机械手手臂 3 向右移动,与机械手手臂 3 上的齿条相啮合,齿轮带动电位器 5 跟着作顺时针方向旋转。当电位器的中位和动触头重合时,动触头输出电压为零,电液伺服阀 1 失去信号,阀口关闭,机械手手臂 3 停止移动。手臂移动的行程决定于脉冲的数量,速度决定于脉冲的频率。当数字控制部分反向发出脉冲时,步进电动机 6 向反方向转动,机械手手臂 3 便向左移动。由于机械手手臂 3 移动的距离与输入电位器 5 的转角成比例,机械手手臂 3 完全跟随输入电位器 5 的转动而产生相应的位移。因此,它是一个带有反馈的位置控制电液伺服系统。

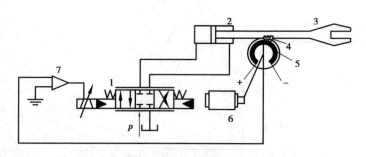

图 9.10　机械手手臂伸缩电液伺服系统原理示意图
1—电液伺服阀;2—液压缸;3—机械手手臂;
4—齿轮齿条;5—电位器;6—步进电动机;7—放大器

9.4　电液比例控制技术

电液比例控制是介于普通液压阀的开关式控制和电液伺服控制之间的控制方式。它能实现对液流压力和流量连续地、按比例地跟随控制信号而变化。因此,它的控制性能优于开关式控制,但与电液伺服控制相比,其控制精度较低且响应速度较慢。电液比例控制成本低,抗污染能力强,近年来在国内外得到重视,发展较快。电液比例控制的核心元件是电液比例阀,简称比例阀。本节主要介绍常用的电液比例阀及其应用。

9.4.1　电液比例控制阀

电液比例控制阀由常用的人工调节或开关控制的液压阀加上电-机械比例转换装置构成。常用的电-机械比例转换装置是有一定性能要求的电磁铁,它能把电信号按比例地转换成力或位移,通过力或位移对液压阀进行控制。在使用过程中,电液比例阀可按输入的电气信号连续地、按比例地对油液的压力、流量和方向进行远距离控制。比例阀一般都具有压力补偿功能,故它的输出压力和流量可不受负载变化的影响,被广泛地应用于对液压参数进行连续、远距离控制或程序控制,以及对控制精度和动态特性要求不太高的液压系统中。

根据用途和工作特点的不同,比例阀可分为比例压力阀(如比例溢流阀、比例减压阀等)、比例流量阀(如比例调速阀)和比例方向阀(如比例换向阀)3 类。电液比例换向阀不仅能控制方向,还有控制流量的功能。而比例流量阀仅仅是用比例电磁铁来调节节流阀的开口,在此不作介绍。

(1)电液比例压力阀

如图 9.11(a)所示为一种电液比例压力阀的结构示意图。它由压力阀 1 和移动式力马达 2 两部分组成。当力马达的线圈中通入电流 I 时,推杆通过钢球 4、弹簧 5 把电磁推力传给锥阀芯 6,推力的大小与电流 I 成比例。当进口压力 p 作用在锥阀芯上的力超过弹簧力时,锥阀打开,油液通过阀口从出油口 T 排出,这个阀的阀口开度是不影响电磁推力的,但当通过阀口的流量变化时,由于阀座上的小孔 d 处压差的改变以及稳态液动力的变化等,被控制的油液压力依然会有一些改变。

如图 9.11 所示为直动式压力阀。它可直接使用,也可用来作为先导阀以组成先导式的比例溢流阀、比例减压阀和比例顺序阀等元件。如图 9.11(b)所示为电液比例压力阀的图形符号。

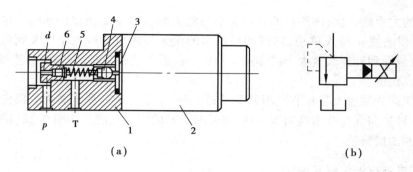

（a）　　　　　　　　　　　　（b）

图 9.11　电液比例压力阀
1—压力阀;2—力马达;3—推杆;4—钢球;5—弹簧;6—锥阀芯

（2）电液比例换向阀

电液比例换向阀一般由电液比例减压阀和液动换向阀组合而成。前者作为先导级,以其出口压力来控制液动换向阀的正反向开口量的大小,从而控制液流的方向和流量的大小。电液比例换向阀的工作原理如图 9.12（a）所示。先导级电液比例减压阀由两个比例电磁铁 2 和 4 以及阀芯 3 等组成。当输入电流信号给电磁铁 2 时,阀芯被推向右移,供油压力经阀芯 3 右边阀口减压后,由通道 a,b 反馈至阀芯 3 的右端,与电磁铁 2 的电磁力相平衡。因而减压后的压力与供油压力大小无关,而只与输入电流信号的大小成比例。减压后的油液经过通道 a,c 作用在换向阀阀芯 5 的右端,使阀芯左移并压缩左端的弹簧,使 p 与 B 联通,阀芯 5 的移动量

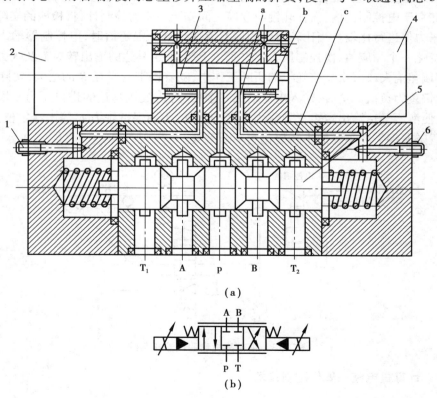

（a）

（b）

图 9.12　电液比例换向阀
1,6—螺钉;2,4—电磁铁;3,5—阀芯

与控制油压的大小成正比,即阀口的开口大小与输入电流信号成正比。如输入电信号给比例电磁铁4,则相应使p与A联通,通过阀口输出的流量与阀口开口大小以及阀口前后压差有关,即输出流量受到外界载荷大小的影响。当阀口前后压差不变时,则输出的流量与输入的电流信号大小成比例。

液动换向阀的端盖上装有节流阀调节螺钉1和6,可根据需要分别调节换向阀的换向时间。此外,这种换向阀与普通换向阀一样,可具有不同的中位机能。如图9.12(b)所示为电液比例换向阀的图形符号。

9.4.2　电液比例控制系统

电液比例控制系统由电子放大及校正单元、电液比例控制元件、执行元件及液压源、工作负载及信号检测处理装置等组成。它按有无执行元件输出参数的反馈,可分为闭环控制系统和开环控制系统。最简单的电液比例控制系统是采用比例压力阀、比例流量阀来替代普通液压系统中的多级调压回路或多级调速回路。这样不仅简化了系统,而且可实现复杂的程序控制及远距离信号传输,便于计算机控制。

如图9.13所示为电液比例压力阀用于钢带冷轧卷曲机的液压系统。轧机对卷曲机构的要求是当钢带不断从轧辊下轧制出来时,卷曲机应以恒定的张力将其卷起来。为了实现这一要求,就必须在钢带卷半径R变化时保证张力F恒定不变,要保证张力不随钢带卷半径R变化,必须使液压马达的进口压力p成比例地增大。为此,在该系统进行轧制工作时,先给定一个张力值储存于电控制器内,而在轧辊与卷筒之间安装一张力检测计,将检测的实际张力值反馈与给定张力值进行比较。当比较得到的偏差值达到某一限定值时,电控制器输入比例压力阀的电流变化一个相应值,使控制压力p改变。于是,液压马达的输出转矩T及张力F作相应的改变,使偏差消失或减小。在轧机的实际工作中,随着钢带卷半径R的增大,实际张力F减小,出现的偏差为负值。这时,输入电流增加一个相应值,液压马达的进口压力p增加一个相应值,从而使液压马达输出转矩T及张力F相应增加,力图保持张力F等于给定值。显然,上述调节过程随着钢带卷半径的不断变化而不断重复。

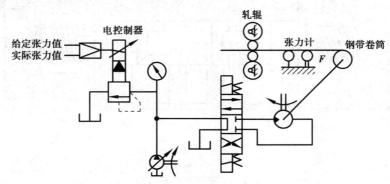

图9.13　钢带冷轧卷曲机液压系统

9.4.3　计算机电液一体化控制技术

随着电子技术和计算机控制技术的日益发展,液压技术也日益朝着智能化方向迈进,计算机电液控制技术是计算机控制技术与液压传动技术相结合的产物。这种控制系统除常规的液压传动系统外,通常还有数据采集装置、信号隔离和功率放大电路、驱动电路、电-机械转换器、主控制器(微型计算机或单片机)及相关的键盘及显示器等。这种系统一般是以稳定输出(力、转矩、转速、速度)为目的,构成了从输出到输入的闭环控制系统。它是一个涉及传感技术、计算机控制技术、信号处理技术、机械传动技术等的机电一体化系统。这种控制系统操作简单,人机对话方便,系统功能强,可实现多功能控制。通过软件编程,可实现不同的算法,并且较易实时控制和在线检测。本小节主要以泵容积调速系统的计算机控制为例,介绍计算机电液控制系统的组成及其工作原理。

(1)泵控容积调速计算机控制系统的组成

泵控液压马达容积调速系统因具有功率大、效率高等优点而得到广泛应用。但因液压系统的工作参数(如流量、温度等)的严重时变,故其输出的参数(转速、转矩等)不稳定,系统的静态性能和动态品质较差。如图 9.14 所示,泵控容积调速计算机控制系统以单片机 MCS-51作为主控单元,对其输出量进行检测、控制。输入接口电路经 A/D 转换后反馈输入主控单元,主控单元按一定控制策略对其进行运算后经输出接口和接口电路,送到步进电动机,由步进电动机驱动机械传动装置,从而控制伺服变量泵的斜盘倾角,调整液压泵的输出参数,从而保证液压马达的输出稳定在一定的数值上。

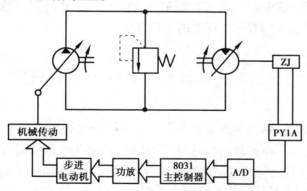

图 9.14　泵控容积调速计算机控制系统结构图

(2)控制系统的硬件

控制系统的硬件包括输入通道的硬件配置、输出通道的硬件配置及主控单元的硬件配置。

输入通道主要将转矩传感器 ZJ 得到的相位差信号放大,再经过转速转矩测量仪转变成模拟量输出,然后转速信号和转矩信号分成两路经放大电路(PY1A)进行放大。根据转速信号和转矩信号的电压量程不同,选取合适的放大倍数,将其电压转变成量程为 200 mV ~ 5 V 的标准电压信号,再经硬件滤波,滤去高次谐波,分别将转矩和转速信号接入 A/D 的通道,经A/D转换后送入 8031 主控单元。

输出通道包括输出电路、步进电动机和机械传动机构。其中,步进电动机和机械传动机构对系统的精度影响较大。在设计过程中,要根据系统泵控制方式选择机械传动的具体形式,在此基础上确定负载力的大小,选择步进电动机,然后根据步进电动机的参数指标确定控制电路的形式,以满足系统的需要。同时,根据系统的精度要求,决定步进电动机和机械传动结构之间的精度分配,以保证系统的精度满足设计要求。

（3）控制系统的软件

一个完整的控制系统，其输入输出接口要完成所具有的功能，必须使软件和硬件恰当配合。泵控液压马达容积调速系统的软件构成如图9.15所示。它包括输入信号采样、A/D转换及滤波软件、系统自动复位软件、键盘及显示软件、控制算法以及步进电动机控制软件和主系统管理软件。

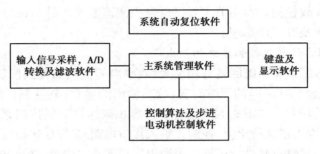

图9.15　系统的软件组成

系统管理软件的主要职能是在系统启动后自动调用系统复位软件使系统复位，然后调用显示软件进行显示，并完成调用其输入控制值、采样信号、A/D转换及滤波软件，比较并由此调用控制算法软件，使系统朝着减少误差的方向动作。

9.5　液压伺服控制系统的发展概况

在第一次世界大战前，液压伺服系统在作为海军舰船的操舵装置中已开始应用。第二次世界大战期间及以后，由军事刺激，自动控制特别是武器和飞行器控制系统的研究发展取得很大的进展。液压伺服系统因响应快、精度高、功率-质量比大，特别受到重视。1940年底，首先在飞机上出现了电液伺服系统。该系统中的滑阀由伺服电动机驱动，作为电液转换器。因伺服电动机惯量大，故使电液转换器成为系统中时间常数最大的环节，限制了电液伺服系统的响应速度。直到20世纪50年代初，才出现了快速响应的永磁力矩马达，形成了电液伺服阀的雏形。到50年代末，又出现了以喷嘴挡板阀作为先导级的电液伺服阀，进一步提高了伺服阀的快速性。60年代，各种结构的电液伺服阀相继出现，特别是干式力矩马达的出现，才使电液伺服阀的性能日趋完善。因电液伺服阀和电子技术的不断进步，故电液伺服系统得到了迅速的发展。随着加工能力的提高和电液伺服阀工艺性的改善，电液伺服阀的价格不断降低，出现了抗污染和工作可靠的工业用廉价电液伺服阀，电液伺服系统开始向一般工业中推广。目前，液压伺服控制系统，特别是电液伺服系统已成了武器自动化和工业自动化的一个重要方面，应用非常广泛。

液压伺服控制系统在国防工业中，用于飞机的操纵系统、导弹的自动控制系统、火炮操纵系统、坦克火炮稳定装置、雷达跟踪系统及舰艇的操舵装置等；在民用工业中，用于仿形机床、数控机床、电火花加工机床；船舶上的舵机操纵和消摆系统；冶炼方面的电炉电极自动升降恒功率控制系统；试验装置方面的振动试验台、材料试验机、轮胎试验机等；锻压设备中的挤压机速度伺服、油压机的位置同步伺服；燃气轮机及水轮机转速自调系统等。

微型计算机的发展给电液控制技术增加了新的活力,它以极快的运算速度、强大的记忆能力和灵活的逻辑判断功能,使许多过去难以解决的电液控制问题都可通过计算机得以实现,大大提高了液压系统的控制精度和运行可靠性,因而具有广泛的应用和发展前景。

思考题与习题

9.1　什么是单边、双边和四边滑阀? 它们之间有何关系?

9.2　滑阀式伺服阀的静态特性是什么? 阀的 3 个系数是如何定义的? 它们分别对系统性能有什么影响?

9.3　为什么说零开口四边滑阀的性能最好,但是制造却很困难?

9.4　液压伺服系统与普通液压传动系统有何区别?

9.5　电液伺服阀的构成和特点是什么?

9.6　微机电液控制系统的主要构成是什么? 这种液压系统有何特点?

第10章
气压传动基础

气压传动的基本工作原理、系统组成、元件结构及图形符号与液压传动相似。气压传动系统具有很多优点,在现代工厂和现代机电设备中应用非常广泛,尤其在机械、化工、水泥、烟草、电子、食品及医药等领域。气压传动系统在现代工厂中是最重要、最关键的动力系统,一旦气压传动系统故障,可能导致整个工厂全面停产。

10.1 气压传动概述

10.1.1 气压传动系统的工作原理及组成

(1)气压传动系统的工作原理

气压传动的工作原理与液压传动类似,它是利用空气压缩机把电动机或其他原动机输出的机械能转换为空气的压力能,在控制元件的作用下,最后又通过执行元件把压力能转换为机械能,驱动工作台作直线运动或回转运动。

如图10.1所示为气动剪切机的工作原理图。依靠空气压缩机输出的压缩空气进入气缸下腔,气缸活塞向上运动,通过剪刀剪断工料。

如图10.1所示,空气压缩机1产生的压缩空气经空气冷却器2、分水排水器3、储气罐4、过滤器5、减压阀6、油雾器7到达换向阀9,部分气体经节流通路进入换向阀9的下腔,使上腔弹簧压缩,换向阀阀芯位于上端;大部分压缩空气经换向阀9后进入气缸10的上腔,而气缸下腔经换向阀与大气相通,故气缸活塞处于最下端位置。当上料装置把工料11送入剪切机并到达规定位置时,工料压下行程阀8。此时,换向阀芯下腔压缩空气经行程阀排入大气,在弹簧的推动下,换向阀阀芯向下运动至下端;压缩空气则经换向阀后进入气缸下腔,上腔经换向阀与大气相通,气缸活塞向上运动,剪刀随之上行剪断工料。工料剪下后,即与行程阀脱开,行程阀阀芯在弹簧作用下复位,换向阀阀芯上移,气缸活塞向下运动,又恢复到剪断前的状态。

由以上分析可知,剪刀克服阻力剪断工料的机械能来自压缩空气的压力能,提供压缩空气的是空气压缩机;气路中的换向阀、行程阀起改变气体流动方向、控制气缸活塞运动方向的作用。

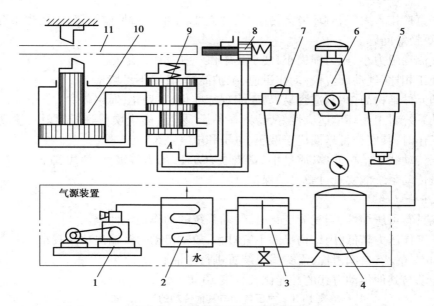

图 10.1　气动剪切机的工作原理图

1—空气压缩机(活塞式);2—冷却器;3—分水排水器;4—储气罐;5—过滤器;

6—减压阀;7—油雾器;8—行程阀;9—换向阀;10—气缸;11—工料

(2)气压传动系统的组成

与液压传动类似,气压传动系统的组成也可分成以下 5 个部分:

1)气源装置

常见的是空气压缩机,将原动机的机械能转换为气体的压力能。

2)执行元件

将压缩空气的压力能转换为机械能的装置,如气缸和气动马达。

3)控制元件

控制压缩空气的流量、压力、方向及执行元件工作程序的元件,如压力阀、流量阀、方向阀及逻辑元件等。

4)辅助元件

使压缩空气净化、润滑、消声以及用于元件连接等所需的装置和元件,如各种空气过滤器、干燥器、油雾器、消声器及管件等,它们对保持气动系统正常、稳定、可靠地工作是必不可少的。

5)工作介质

压缩空气。

10.1.2　气压传动系统的优缺点

气动技术被广泛应用于机械、电子、轻工、纺织、食品、医药、包装、冶金、石化、航空及交通运输等领域。它们在提高生产效率、自动化程度、产品质量、工作可靠性和实现特殊工艺等方面显示出极大的优越性。

与机械、电气、液压传动相比,气压传动具有以下特点:

(1)气压传动系统的优点

①工作介质为空气,随处可取,且取之不尽,节省了购买、储存、运输介质的费用和麻烦;使

用后的空气直接排入大气,对环境无污染,处理方便,不必设置回收管路,因而也不存在介质变质、补充和更换等问题。

②空气流动阻力小、压力损失小,便于集中供气和远距离输送。

③与液压相比,气动反应快,动作迅速,维护简单,管路不易堵塞。

④气动元件结构简单,制造容易,易于实现标准化、系列化、通用化。

⑤气动系统对工作环境适应性好,特别在易燃、易爆、多尘埃、强磁、辐射及振动等恶劣工作环境中工作时,其安全可靠性优于液压、电子和电气系统。

⑥气压传动装置结构简单、质量小、安装维护方便、压力等级低、使用安全。

⑦气压传动系统能实现过载自动保护。

(2)气压传动的缺点

①空气具有可压缩性,当载荷变化时,气动系统的动作稳定性差。

②空气工作压力较低,因结构尺寸不宜过大,故输出动力及输出功率较小。

③压缩空气没有自润滑性,需要另设装置进行给油润滑。

气压传动与其他传动方式的性能比较见表 10.1。

表 10.1　气压传动与其他传动的性能比较

类　　型		操作力	动作快慢	环境要求	构造	负载变化影响	操作距离	无级调速	工作寿命	维护	价格
气压传动		中等	较快	适应性好	简单	较大	中距离	较好	长	一般	便宜
液压传动		最大	较慢	不怕振动	复杂	有一些	短距离	良好	一般	要求高	稍贵
电传动	电气	中等	快	要求高	稍复杂	几乎没有	远距离	良好	较短	要求较高	稍贵
	电子	最小	最快	要求特高	最复杂	没有	远距离	良好	短	要求更高	最贵
机械传动		较大	一般	一般	一般	没有	短距离	较困难	一般	简单	一般

10.1.3　气压传动系统的应用及发展趋势

随着工业机械化和自动化的发展,目前气动技术已广泛应用于国民经济的各个领域,而且其应用范围越来越广。例如,在机械制造业、汽车制造业、食品加工和包装工业、有色金属冶炼工业、轻工业、军事工业等领域中,很多加工设备及零件或产品的很多生产环节都会用到气压传动系统。

气动设备(或产品)的发展趋势主要体现在以下 8 个方面:

(1)小型化、集成化

在有些使用场合中,有限的空间要求气动元件外形尺寸尽量小,小型化是主要的发展趋势。

(2)组合化、智能化

最常见的组合是带阀、带开关的气缸,如在物料搬运中,使用了气缸、摆动气缸、气动夹头和真空吸盘的组合体,同时配有电磁阀、程控器,其结构紧凑,占用空间小,行程可调。

(3)精密化

如非圆活塞气缸、带导杆气缸等,可减小普通气缸活塞杆工作时的摆转;为了使气缸精确定位而使用的制动气缸,同时使用了传感器、比例阀等元件,实现反馈控制,定位精度可达 0.01 mm,甚至更高;在精密气缸方面,已开发了 0.3 mm/s 低速气缸和 0.01 N 微小载荷气缸等;在气源处理中使用的高精度过滤器、高灵敏度(0.001 MPa)的减压阀等。

(4)高速化

目前,气缸活塞的速度范围为 50～750 mm/s,为了提高生产率,今后要求气缸活塞的速度提高为 5～10 m/s;相应地,阀的响应速度也将加快,要求由现在的 1/100 s 级提高到 1/1 000 s 级。

(5)无油、无味、无菌化

由于人类对环境的要求越来越高,不希望气动元件排放的废气中所含的油雾污染环境,因此,无油润滑的气动元件将会普及;还有一些特殊行业,如食品、饮料、制药、电子等,对空气品质的要求更为严格,除无油外,还要求无味、无菌等。

(6)高寿命、高可靠性、智能诊断

气动元件大多用于自动化生产中,元件的故障往往会影响设备的正常运行,导致生产线停止工作,造成严重的经济损失。因此,对气动元件的可靠性提出了很高的要求。

(7)节能、低功耗

气动元件的低功耗能节约能源,并能更好地与微电子技术相结合,如功耗小于 0.5 W(甚至更小)的电磁阀已实现商品化,可由计算机直接控制。

(8)新技术、新工艺、新材料

在气动元件制造中,型材挤压、铸件浸渗和模块拼装等技术已在国内广泛应用;压铸新技术(液压抽芯、真空压铸等)目前已在国内逐步推广;压电技术、总线技术、新型软磁材料及透析滤膜等的应用也越来越广泛。

10.2　常用气动元件

10.2.1　空气压缩机

空气压缩机是气压传动系统的动力源。它是将机械能转换为气体压力能的装置(简称空压机,俗称气泵)。空气压缩机是气压传动系统中的核心装置。它的种类很多,一般按工作原理不同,可分为容积式和速度式两大类型。容积式压缩机是通过运动部件的位移,周期性地改变密封工作容积的大小来改变气体压力;工作容积变小时,气体压力提高。容积式压缩机有活塞式、膜片式、叶片式及螺杆式等类型;速度式压缩机是通过改变气体的速度来提高气体的动能,然后将动能转化为压力能来提高气体压力的,它主要有离心式、轴流式和混流式等类型。在气压传动中一般最常使用的机型为活塞式压缩机、螺杆式压缩机,在现代工厂中使用较多的是螺杆式压缩机;因活塞式压缩机效率低、故障率高、能耗高、噪声大,并且其使用的润滑油对环境的污染较大等原因,在现代工厂中已逐步被淘汰。

(1)空气压缩机的工作原理

空气压缩机的种类很多,这里以活塞式空气压缩机和螺杆式空气压缩机为例来介绍空气压缩机的工作原理。

1)活塞式空气压缩机的工作原理

常用的活塞式空气压缩机有卧式和立式两种结构形式。卧式空气压缩机的工作原理如图

10.2 所示。曲柄 8 作回转运动,通过连杆 7 和活塞杆 4,带动气缸活塞 3 作往复直线运动。当气缸活塞 3 向右运动时,气缸容积增大而形成局部真空,吸气阀 9 打开,空气在大气压的作用下由吸气阀 9 进入气缸腔内,此过程称为吸气过程;当气缸活塞 3 向左运动时,吸气阀 9 自动关闭,随着活塞向左移,缸内空气受到压缩而使压力升高,在压力达到足够高时,排气阀 1 的排气口即被打开,压缩空气进入排气管内,此过程为排气过程。如图 10.2 所示为单缸活塞式空气压缩机,大多数空气压缩机是多活塞式的组合。

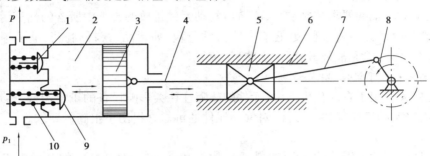

图 10.2　活塞式空气压缩机的工作原理图

1—排气阀;2—气缸;3—气缸活塞;4—活塞杆;5,6—十字头和滑道;

7—连杆;8—曲柄;9—吸气阀;10—弹簧

2)螺杆式空气压缩机的工作原理

螺杆式空气压缩机的核心部件是主机部分(由转子、齿轮、齿轮轴及轴承等组成)。螺杆式空气压缩机有单螺杆式和双螺杆式两种结构形式。常用的是双螺杆式空气压缩机。双螺杆式空气压缩机的螺杆腔内有一对旋向相反的螺杆转子,如图 10.3 所示。其中,齿面凸起的为阳转子,齿面凹陷的为阴转子。随着一对相互啮合的齿轮不断旋转,带动这一对转子在螺杆腔内不断旋转;随着转子不断旋转,因转子齿的侵入或脱离而周期性地改变每对齿槽间的容积,从而达到吸气、压缩、排气的目的。

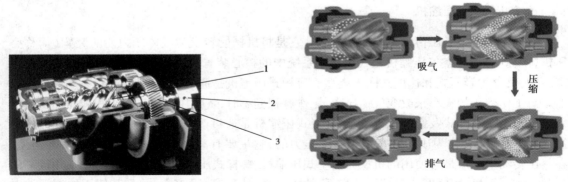

图 10.3　螺杆式空气压缩机的主机

1—转子;2—传动轴;3—齿轮

图 10.4　螺杆式空气压缩机的工作原理

螺杆式空气压缩机的工作原理如图 10.4 所示。其工作过程可分为吸气、压缩和排气 3 个过程。在压缩机机体的两端,分别开设一定形状和大小的孔口,其中一个供吸气用,称为吸气口;另一个供排气用,称为排气口。

①吸气过程

随着阴阳转子不断旋转,当阳转子的一个齿连续地脱离阴转子的齿槽时,两齿间的容积不断增大,并和吸气口相通,当容积中气体的绝对压力低于大气压时,空气经吸气口进入齿间容积,此过程称为吸气;直到齿间容积达到最大时,齿间容积与吸气口断开,吸气过程结束;此时,在齿和内壳体共同作用下,对齿间容积形成密封。

②压缩过程

随着螺杆转子继续旋转,在阴阳转子齿间容积连通之前,阳转子齿间容积中的气体由于阴转子齿的侵入而受到压缩;经某一转角后,阴阳转子齿间容积连通,形成 V 字形的齿间容积对(基元容积);随着两转子齿的互相挤入,基元容积对逐渐推移,容积也逐渐缩小,实现气体的压缩过程;压缩过程直到基元容积与排气口连通为止。

③排气过程

由于转子旋转,基元容积不断缩小,当基元容积与排气口连通时,压缩后的空气经排气口排出,直至容积缩小到最小时为止,此过程称为排气过程。

随着转子的连续旋转,上述的吸气、压缩及排气过程循环进行,各基元容积依次工作,构成螺杆式空气压缩机的工作循环。

(2)空气压缩机的选用

在实际应用中,应根据气压传动系统的使用环境、用途及工厂对气压传动系统的要求等合理选择空气压缩机的品牌、规格、型号。在选择空气压缩机的规格和型号时,主要的选择依据是压缩空气的工作压力和流量两个参数。

在选择空气压缩机压力参数时,其额定压力应等于或略高于所需要的工作压力。一般气压传动系统需要的工作压力为 0.5 ~ 0.8 MPa,因此,选用额定压力为 0.7 ~ 1 MPa 的低压空气压缩机;此外,还有中压空气压缩机(1.0 ~ 10 MPa)、高压空气压缩机(10 ~ 100 MPa)和超高压空气压缩机(> 100 MPa)。

在选择空气压缩机的流量参数时,其流量应以气动设备最大耗气量为基础,并考虑管路、阀门泄漏,以及各种气动设备是否同时连续用气等因素。一般空气压缩机按流量可分为微型(< 1 m³/min)、小型(1 ~ 10 m³/min)、中型(10 ~ 100 m³/min)、大型(> 100 m³/min)等类型。

10.2.2　气缸

气动系统常用的执行元件为气缸和气动马达。它们是将气体的压力能转化为机械能的元件。气缸用于实现直线往复运动,输出力和直线位移;气动马达用于实现连续回转运动,输出力矩和角位移。

(1)气缸的分类

气缸是气动系统的执行元件之一。它是将压缩空气的压力能转换为机械能并驱动工作机构作直线往复运动或摆动的装置。与液压缸相比较,它具有结构简单、制造容易、工作压力低及动作迅速等优点,在实际中应用较广泛。气缸的结构、形状有多种形式,分类方法也很多。常见的分类方法有以下 5 种:

①按压缩空气作用在活塞端面上的方向,可分为单作用气缸和双作用气缸。单作用气缸只有一个方向的运动是靠气压传动,活塞的复位靠弹簧弹力或重力等;双作用气缸活塞的往返运动全都靠气压传动来实现。

②按结构特点,可分为活塞式气缸、叶片式气缸、薄膜式气缸及气液阻尼缸等。

③按安装方式,可分为耳座式、法兰式、轴销式及凸缘式。

④按气缸的功能,可分为普通气缸(主要是指活塞式单作用气缸和双作用气缸)和特殊气缸(包括气液阻尼缸、薄膜式气缸、冲击式气缸、增压气缸、步进气缸及回转气缸等)。

(2)几种常用气缸的工作原理和用途

1)单作用气缸

如图 10.5 所示为单作用气缸的结构原理图。所谓单作用气缸,是指压缩空气仅在气缸的一端进气并推动活塞(或柱塞)运动,而活塞或柱塞的返回需要借助其他外力,如弹簧力、重力等。单作用气缸多用于短行程及对活塞杆推力、运动速度要求不高的场合。这种气缸的特点如下:

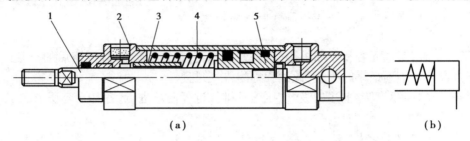

(a)   (b)

图 10.5　单作用气缸

1—活塞杆;2—过滤片;3—止动套;4—弹簧;5—活塞

①结构简单,由于只需向一端供气,耗气量小。

②复位弹簧的反作用力随压缩行程的增大而增大,因此,活塞的输出力随活塞运动的行程增加而减小。

③缸体内安装弹簧,增加了缸筒长度,缩短了活塞的有效行程。

这种气缸一般多用于行程短并且对输出力和运动速度要求不高的场合。

2)回转式气缸

如图 10.6 所示为回转式气缸的工作原理图。回转式气缸由导气头体、缸体、活塞及活塞杆等组成。这种气缸的缸体连同缸盖及导气头芯 6 可被携带回转,活塞 4 及活塞杆只能作往复直线运动,导气头体外接管路,固定不动。

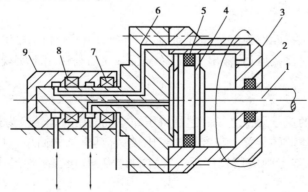

图 10.6　回转式气缸

1—活塞杆;2,5—密封装置;3—缸体;4—活塞;6—缸盖及导气头芯;7,8—轴承;9—导气头体

3)冲击气缸

冲击气缸是一种较新型的气动执行元件。它能在瞬间产生很大的冲击能量而做功,因而能应用于打印、铆接、锻造、冲孔、下料及锤击等加工。常用的冲击气缸有普通型冲击气缸、快

排型冲击气缸和压紧活塞式冲击气缸等。下面介绍普通型冲击气缸。

如图 10.7 所示为冲击气缸结构示意图。冲击气缸与普通气缸相比较增加了蓄能腔和具有排气小孔的中盖 2,中盖 2 与缸体 1 固定连接在一起,它与活塞 6 把气缸分隔成蓄能腔、活塞腔和活塞杆腔 3 部分,中盖 2 中心开有一个喷气口。

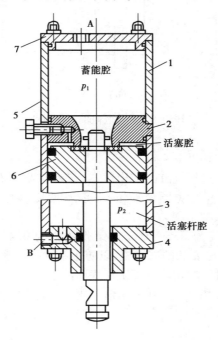

图 10.7　普通型冲击气缸

1,3—缸体;2—中盖;4,7—端盖;5—排气塞;6—活塞

冲击气缸结构简单、成本低,耗气功率小,并且能产生相当大的冲击力,应用十分广泛。它可完成下料、冲孔、弯曲、打印、铆接、模锻及破碎等作业。为了有效地应用冲击气缸,应注意正确地选择工具,并正确地确定冲击气缸尺寸,选用适用的控制回路。其工作过程如图 10.8 所示,可分为以下 3 个阶段:

①准备阶段

如图 10.8(a)所示,气动回路(图中未画出)中的气缸控制阀处于原始状态,压缩空气由 A 孔进入冲击气缸有杆腔,储能腔与无杆腔通大气,活塞处于上限位置,活塞上安有密封垫片,封住中盖上的喷嘴口,中盖与活塞间的环形空间(即此时的无杆腔)经小孔与大气相通。

②蓄能阶段

如图 10.8(b)所示,控制阀接收信号被切换后,储能腔进气,作用在与中盖喷嘴口接触的活塞的一小部分面积上(通常设计为约占整个活塞面积的 1/9)的压力 p_1 逐渐增大,进行充气蓄能。与此同时,有杆腔排气,压力 p_2 逐渐降低,使作用在有杆腔侧活塞面上的作用力逐渐减小。

③冲击做功阶段

如图 10.8(c)所示,当活塞上下两边不能保持平衡时,活塞即离开喷嘴向下运动,在活塞离开喷嘴的瞬间,储能腔内的气体压力突然施加到无杆腔的整个活塞面上。于是,活塞在较大的气体压力的作用下加速向下运动,瞬间以很高的速度(为同等条件下普通气缸速度的 5～10 倍),即以很高的动能冲击工件做功。

经过上述 3 个阶段后,控制阀复位,冲击气缸又开始另一个动作。

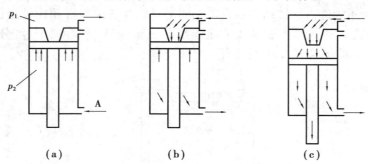

图 10.8　冲击气缸的工作原理

（3）气缸的使用

选择和使用气缸时,应注意以下 4 点:

①根据工作任务的要求,选择气缸的结构形式、安装方式,并确定活塞杆的推力和拉力。

②为避免活塞与缸盖之间产生频繁冲击,一般不使用满行程,应预留一定的行程余量（30～100 mm）。

③气缸工作时的推荐速度为 0.5～1 m/s,工作压力为 0.4～0.6 MPa,环境温度控制为 5～60 ℃。低温时,需要采取必要的防冻措施,以防止系统中的水分出现冻结现象。

④装配时,要在所有密封件的相对运动工作表面涂上润滑脂。注意动作方向,活塞杆不允许承受偏心负载或横向负载,并且气缸在 1.5 倍的压力下进行试验时,不应出现漏气现象。

10.2.3　气动控制元件

气动控制元件是气压传动系统中用于控制和调节压缩空气的压力、流量、流动方向和发送信号的重要元件。其作用是保证气动执行元件按设计的程序正常进行工作。气动控制元件的结构和工作原理与液动控制元件相似。气动控制元件按其作用和功能,可分为压力控制元件、流量控制元件和方向控制元件三大类。

（1）压力控制元件

压力控制元件主要用来控制系统中压缩空气的压力或依靠空气压力来控制执行元件的动作顺序,以满足系统对不同压力的需要及执行元件工作顺序的不同要求。压力控制元件是利用压缩空气作用在阀芯上的力和弹簧力相平衡的原理来进行工作的。压力控制元件主要有减压阀、溢流阀和顺序阀。

1）减压阀

气动系统一般由空气压缩机先将空气压缩并储存在储气罐内,然后经管路输送给各气动装置使用。储气罐输出的压力一般较高,同时压力波动也较大,只有经过减压作用,将其降至每台装置实际所需要的压力,并使压力稳定下来才可使用。因此,减压阀是气动系统中一种不可缺少的调压元件。按调节压力方式不同,减压阀有直动型和先导型两种。其结构和原理与液动系统中的减压阀类似。这里仅介绍直动型减压阀的结构和工作原理。

如图 10.9 所示为 QTY 型直动型减压阀的结构图。其工作原理是:阀处于工作状态时,压缩空气从左侧入口流入,流经阀口后再从阀出口流出。当顺时针旋转手轮 1,压缩弹簧 2 和 3 推动膜片 5 下移,使阀杆 6 带动进气阀芯 9 下移,打开进气阀口,压缩空气通过阀口时受到一定的节流作用,使输出压力低于输入压力,以实现减压作用。与此同时,有一部分气流经阻尼孔 7 进入膜片室,在膜片下部产生一个向上的推力。当该推力与弹簧力的作用相互平衡后,阀口的开口稳定在某一开度上,减压阀就输出一定压力的气体。阀口开度越小,节流作用越强,压力下降也越多。

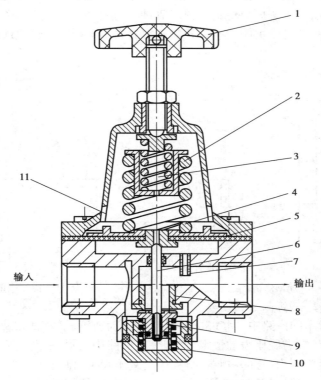

图 10.9　直动型减压阀的结构图
1—手轮;2,3—压缩弹簧;4—溢流口;5—膜片;6—阀杆;7—阻尼孔;
8—阀座;9—进气阀芯;10—复位弹簧;11—排气口

　　若输入压力瞬时升高,经阀口以后的输出压力也随之升高,使膜片室内的压力也升高,因而破坏了原有的平衡,使膜片上移,有部分气流经溢流孔 4、排气口 11 排出;在膜片上移的同时,阀芯在复位弹簧 10 的作用下也随之上移,减小了进气阀口的开度,节流作用增大,输出压力下降,直至达到膜片两端作用力重新达到平衡为止,此时输出压力基本上又回到原数值上;相反,输入压力下降时,进气节流阀口开度增大,节流作用减小,输出压力上升,使输出压力基本回到原数值上。

　　QTY 型直动型减压阀的调压范围为 0.05 ~ 0.63 MPa。为限制气体流过减压阀所造成的压力损失,规定气体通过阀内通道的流速应控制在 15 ~ 25 m/s。

　　安装减压阀时,要按气流的方向和减压阀上所示的箭头方向,依次安装分水过滤器、减压阀及油雾器。调压时,应由低向高调,直至规定的调压值为止。阀不用时,应把旋钮放松,以免膜片变形。

　　2)溢流阀

　　溢流阀的作用是当系统压力超过调定值时,便自动排气,使系统的压力下降,以保证系统能安全、可靠地工作,故称安全阀。溢流阀按其结构形式不同,可分为活塞式、膜片式和球阀式等;按控制压力的方式不同,可分为直动型和先导型两种。其结构和原理与液动系统中的溢流阀类似。这里仅介绍直动型溢流阀的结构和工作原理。

如图 10.10 所示为直动型溢流阀。将阀 P 口与系统相连接,当系统中空气压力升高,一旦大于溢流阀调定压力时,阀芯 3 便在下腔气体压力作用下克服弹簧力抬起,阀口开启,使部分气体经阀口排至大气,使系统压力稳定在调定值,保证系统安全可靠;当系统压力低于调定值时,在弹簧的作用下阀口处于关闭状态。开启压力的大小与调压弹簧的预压缩量有关。

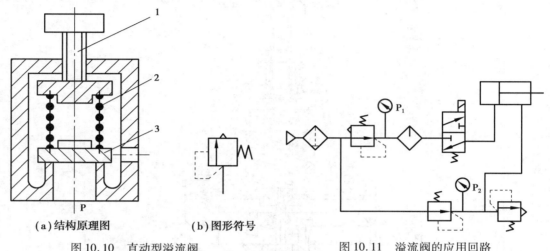

（a）结构原理图　　　（b）图形符号

图 10.10　直动型溢流阀　　　　　图 10.11　溢流阀的应用回路

1—调节杆;2—弹簧;3—阀芯

在如图 10.11 所示的回路中,因气缸行程较长,运动速度较快,如仅靠减压阀的溢流孔起排气作用,很难保持气缸右腔压力的恒定。为此,在回路中装设一个溢流阀,使减压阀的调定压力低于溢流阀的设定压力,缸的右腔在行程中由减压阀供给减压后的压缩空气,左腔经换向阀排气。通过溢流阀与减压阀配合使用,可控制并保持缸内压力的恒定。

3）顺序阀

顺序阀是依靠气路中压力的作用来控制执行元件按顺序动作的压力控制阀,如图 10.12 所示。它是根据弹簧的预压缩量来控制其开启压力。当输入压力达到或超过开启压力时,克服弹簧力,活塞上移,于是 A 才有输出;反之,A 无输出。

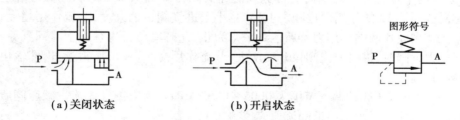

（a）关闭状态　　　　　　（b）开启状态

图 10.12　顺序阀工作原理图

顺序阀一般很少单独使用,往往与单向阀配合在一起,构成单向顺序阀。

①单向顺序阀

如图 10.13 所示为单向顺序阀的工作原理。当压缩空气由 P 口进入阀左腔后,作用在活塞 3 上的压力小于弹簧 2 的作用力时,阀处于关闭状态。而当作用于活塞上的压力大于弹簧的作用力时,活塞被顶起,压缩空气则经过阀左腔流入右腔并经 A 口流出,然后进入其他控制元件或执行元件,此时单向阀关闭。当切换气源时(见图 10.13（b）),左腔内的压力迅速下降,顺序阀关闭,此时,右腔内的压力高于左腔内的压力,在该气体压力差的作用下,单向阀被打开,压缩空气则由右腔经单向阀 4 流入左腔并向外排出。单向顺序阀的结构如图 10.14 所示。

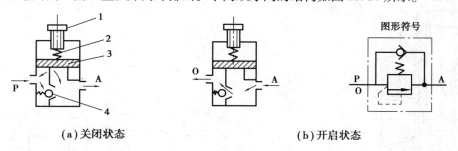

（a）关闭状态　　　　　　　　　　　　（b）开启状态

图 10.13　单向顺序阀工作原理图

1—调节手柄;2—弹簧;3—活塞;4—单向阀

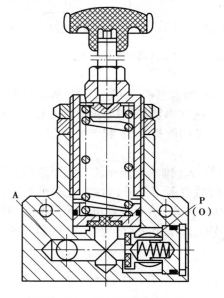

图 10.14　单向顺序阀结构图

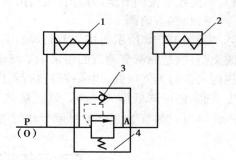

图 10.15　顺序阀的应用

1,2—气缸;3—单向阀;4—顺序阀

②顺序阀的应用

如图 10.15 所示为用顺序阀控制两个气缸进行顺序动作的回路。压缩空气先进入气缸 1 中,待建立一定压力后,打开顺序阀 4,压缩空气才开始进入气缸 2 并使其动作。切断气源,由气缸 2 返回的气体经单向阀 3 和排气孔 O 排空。

（2）流量控制阀

流量控制阀的作用是通过改变阀的通气面积来调节压缩空气的流量,从而控制执行元件的运动速度。常用的流量控制阀主要包括节流阀、排气节流阀和行程节流阀。

1）节流阀

节流阀的作用是通过改变阀的通流面积来调节流量的大小。如图 10.16 所示为节流阀的基本结构原理图和图形符号。气体由输入口 P 进入阀内,经阀座与阀芯间的节流通道从输出口 A 流出,通过节流螺杆可使阀芯上下移动,而改变节流口通流面积,实现流量的调节。由于这种节流阀结构简单,体积小,故应用范围较广。

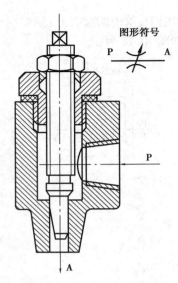

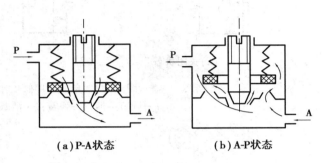

（a）P-A状态　　　（b）A-P状态

图 10.16　节流阀工作原理图　　　图 10.17　单向节流阀的工作原理图

2）单向节流阀

单向节流阀是由单向阀和节流阀并联组合而成的组合式控制阀。如图 10.17 所示为单向节流阀的工作原理图。当气流由 P 至 A 正向流动时，单向阀在弹簧和气压作用下处于关闭状态，气流经节流阀节流后流出；而当由 A 至 P 反向流动时，单向阀打开，不起节流作用。

3）排气节流阀

如图 10.18 所示为排气节流阀的工作原理图和图形符号。排气节流阀的节流原理和节流阀类似，也是靠调节通流面积来调节流量的。由于节流口后有消声器件，因此，它必须安装在执行元件的排气口处，用来控制执行元件排入大气中气体的流量，从而控制执行元件的运动速度，同时还可降低排气噪声。气流从 A 口进入阀内，由节流口 1 节流后经消声材料制成的消声套排出。调节手轮 3，即可调节通过的流量。

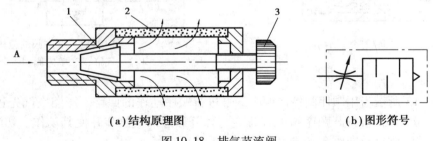

（a）结构原理图　　　　　　（b）图形符号

图 10.18　排气节流阀
1—节流口；2—消声套；3—手轮

（3）方向控制阀

方向控制阀的作用是控制压缩空气的流动方向或气流的通断。气动方向控制阀的分类及原理与液动方向控制阀类似。

1）单向型方向控制阀

单向型方向控制阀的作用是只允许气流向一个方向流动。它包括单向阀、梭阀、双压阀及快速排气阀等。其中，单向阀的图形符号、结构及工作原理与液动系统中的单向阀相似。

①梭阀(或门)

如图 10.19 所示为梭阀结构图及其图形符号。当需要两个输入口 P_1 和 P_2 均能与输出口 A 相通,而又不允许 P_1 和 P_2 相通时,就可采用梭阀(或门)。当气流由 P_1 进入时,阀芯右移,使 P_1 与 A 相通,气流由 A 流出。与此同时,阀芯将 P_2 通路关闭;反之,P_2 与 A 相通,P_1 通路关闭。若 P_1 和 P_2 同时进气,哪端压力高,A 就与哪端相通,另一端自动关闭。

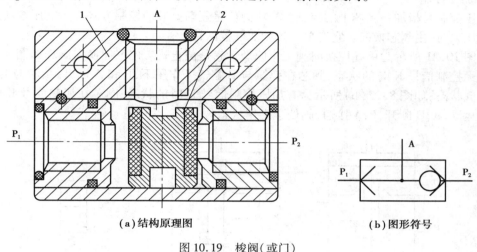

(a)结构原理图　　　　　　　(b)图形符号

图 10.19　梭阀(或门)

1—阀体;2—阀芯

②快速排气阀

如图 10.20 所示为快速排气阀的结构原理图及其图形符号。当压缩空气进入进气口 P 时,使膜片 1 向下变形,打开 P 与 A 的通路,同时关闭排气口 O。当进气口 P 没有压缩空气进入时,在 A 口与 P 口压差的作用下,膜片向上复位,关闭 P 口,使 A 口通过 O 口排气。

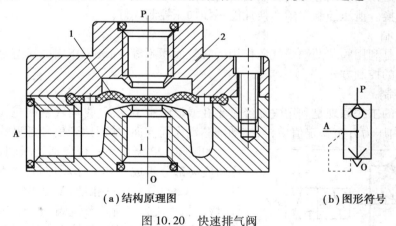

(a)结构原理图　　　　　　　(b)图形符号

图 10.20　快速排气阀

1—膜片;2—阀体

快速排气阀通常安装在换向阀与气缸之间,使气缸的排气过程不需要通过换向阀就能够快速完成,从而加快了气缸往复运动的速度。

2)换向型方向控制阀

换向型方向控制阀是指可改变气流流动方向的控制阀。按控制方式,可分为气压控制、电磁控制、人力控制及机械控制;按阀芯结构,可分为截止式、滑阀式和膜片式等。

①气压控制换向阀

气压控制换向阀是利用气体压力使主阀芯运动而使气流改变方向。在易燃、易爆、潮湿、粉尘大、强磁场、高温等恶劣工作环境下,用气体压力控制阀芯动作比用电磁力控制要安全可靠。气压控制可分成加压控制、泄压控制、差压控制及时间控制等方式。

A. 加压控制

加压控制是指加在阀芯上的控制信号压力值是逐渐上升的控制方式。当气压增加到阀芯的动作压力时,主阀芯换向。它有单气控和双气控两种。

如图 10.21 所示为单气控换向阀工作原理。它是截止式二位三通换向阀。如图 8.22(a)所示为无控制信号 K 时的状态,阀芯在弹簧与 P 腔气压作用下,P 和 A 断开,A 和 O 接通,阀处于排气状态;如图 8.22(b)所示为有加压控制信号 K 时的状态,阀芯在控制信号 K 的作用下向下运动,A,O 断开,P,A 接通,阀处于工作状态。

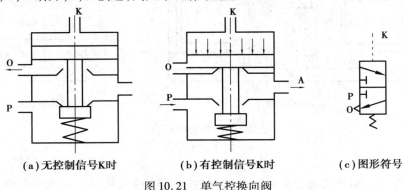

(a)无控制信号K时　　　**(b)有控制信号K时**　　　**(c)图形符号**

图 10.21　单气控换向阀

B. 泄压控制

泄压控制是指加在阀芯上的控制信号的压力值是逐渐下降的控制方式。当压力降至某一值时阀便被切换。泄压控制阀的切换性能不如加压控制阀好。

C. 差压控制

差压控制是利用阀芯两端受气压作用的有效面积不等,在气压作用力的差值作用下,使阀芯动作而换向的控制方式。

D. 延时控制

延时控制的工作原理是利用气流经过小孔或缝隙被节流后,再向气室内充气,经过一定的时间,当气室内压力升至一定值后,再推动阀芯动作而换向,从而达到信号延迟的目的。

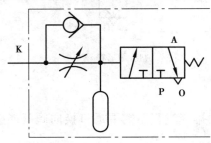

图 10.22　延时控制换向阀

如图 10.22 所示为二位三通延时阀。它由延时部分和换向部分组成。其工作原理是:当 K 无控制信号时,P 与 A 断开,A 与 O 相通,A 腔排气;当 K 有控制信号时,控制气流先经可调节流阀,再到气容。由于节流后的气流量较小,气容中气体压力增长缓慢,经过一定时间后,当气容中气体压力上升到某一值时,阀芯换位,使 P 与 A 相通,A 腔有输出。当气控信号消失后,气容中的气体经单向阀迅速排空。调节节流阀开口大小,可调节延时时间的长短。这种阀的延时时间为 0~20 s,常用于易燃、易爆等不允许使用时间继电器的场合。

②电磁控制换向阀

电磁控制换向阀是由电磁铁通电产生磁场,对街铁产生吸力,利用这个电磁力实现阀的切换,以改变气流方向的换向阀。利用这种换向阀易于实现电、气联合控制,能实现远距离操作,故得到了广泛的应用。电磁控制换向阀可分成直动式电磁阀和先导式电磁阀。

A. 直动式电磁换向阀

由电磁铁的衔铁直接推动阀芯换向的气动换向阀称为直动式电磁阀。直动式电磁换向阀有单电控和双电控两种。

如图 10.23 所示为单电控直动式电磁阀的动作原理图。它是二位三通电磁阀。如图 10.23(a)所示为电磁铁断电时的状态,阀芯靠弹簧力复位,使 P,A 断开,A,O 接通,阀处于排气状态。如图 10.23(b)所示为电磁铁通电时的状态,电磁铁推动阀芯向下移动,使 P,A 接通,阀处于进气状态。如图 10.23(c)所示为该阀的图形符号。

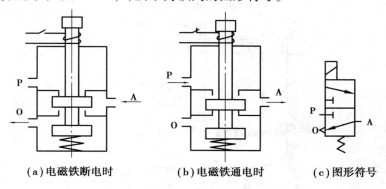

(a)电磁铁断电时　　(b)电磁铁通电时　　(c)图形符号

图 10.23　单电控直动式电磁换向阀

B. 先导式电磁换向阀

先导式电磁换向阀由电磁先导阀和主阀两部分组成。电磁先导阀输出先导压力,利用此先导压力推动主阀阀芯,使主阀换向。当阀的通径较大时,若采用直动式,则所需电磁铁的体积和电耗都较大,为克服这些缺点,宜采用先导式电磁阀。

先导式电磁换向阀按控制方式,可分为单电控和双电控方式;按先导压力来源,可分为内部先导式和外部先导式。它们的图形符号如图 10.24 所示。

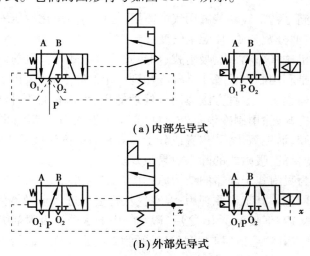

(a)内部先导式

(b)外部先导式

图 10.24　先导式电磁换向阀图形符号

10.2.4 辅助元件

(1)除油器

除油器也称油水分离器,其作用是将压缩空气中凝聚的水分和油分等杂质分离出来,使压缩空气得到初步净化。其结构形式有环形回转式、撞击折回式、离心旋转式、水浴式以及以上形式的组合等。

撞击折回式除油器的结构如图 10.25 所示。压缩空气自进气管 4 进入除油器后,气流受到隔板 2 的阻挡,撞击隔板 2 而折回向下,继而又回升向上,形成回转环流,最后从输出管 3 排出。与此同时,压缩空气中的水滴、油滴和杂质在离心力和惯性力的作用下从空气中分离析出,沉降于除油器的底部,经排污阀 6 排出。

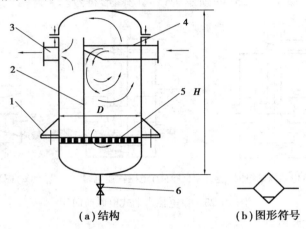

（a）结构   （b）图形符号

图 10.25 撞击折回式除油器结构原理图

1—支架;2—隔板;3—输出管;4—进气管;5—栅板;6—排污阀

为提高油水分离的效果,气流回转后上升的速度不能太快,一般不超过 1 m/s。通常油水分离器的高度 H 为其内径 D 的 3.5~5 倍。

(2)干燥器

干燥器的作用是满足精密气动装置用气的需要,把已初步净化的压缩空气进一步净化,吸收和排出其中的水分、油分及杂质,使湿空气变成干空气。

干燥器的形式有机械式、离心式、吸附式、加热式及冷冻式等。目前,应用最广泛的是吸附式和冷冻式。冷冻式是利用制冷设备使空气冷却到一定的露点温度,析出空气中的多余水分,从而达到所需要的干燥程度。这种方法适用于处理低压、大流量且对干燥程度要求不高的压缩空气。压缩空气的冷却,除用制冷设备外,也可直接蒸发或用冷却液间接冷却的方法。

吸附式是利用硅胶、活性氧化铝、焦炭或分子筛等具有吸附性能的干燥剂来吸附压缩空气中的水分,达到干燥的目的,吸附式的除水效果最好。

如图 10.26 所示为吸附式干燥器的结构原理图。它的外壳为一个金属圆筒,里面分层设置有栅板、吸附剂、滤网等。其工作原理为:湿空气从管道 1 进入干燥器内,通过上吸附层 21、铜丝过滤网 20、上栅板 19、下吸附层 16 之后,湿空气中的水分被吸附剂吸收而干燥,然后再经过铜丝过滤网 15、下栅板 14、毛毡层 13、铜丝过滤网 12 过滤气流中的粉尘和其他固体杂质,最后干燥、洁净的压缩空气从输出管 8 输出。

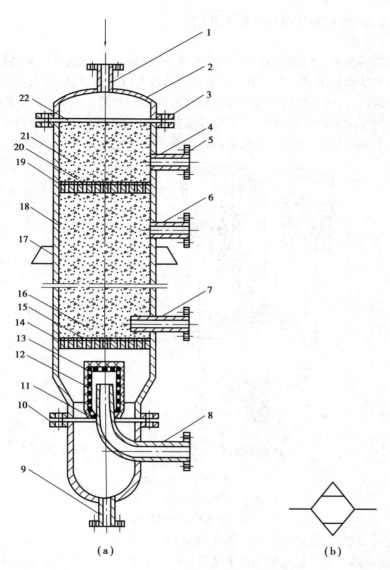

图 10.26 吸附式干燥器的结构原理图

1—湿空气进气管;2—顶盖;3,5,10—法兰;4,6—再生空气排气管;

7—再生空气进气管;8—干燥空气输出管;9—排水管;11,22,—密封垫;

12,15,20—铜丝过滤网;13—毛毡;14—下栅板;16,21—吸附剂;17—支承板;18—外壳;19—上栅板

当干燥器使用一段时间后,吸附剂吸水达到饱和状态而失去继续吸湿能力,因此需设法除去吸附剂中的水分,使其恢复干燥状态,以便继续使用,这就是吸附剂的再生。由于水分和干燥剂之间没有化学反应,因此不需要更换干燥剂,但必须定期再生干燥。其过程是:先将干燥器的进、出气管关闭,使之脱离工作状态,然后从再生空气进气管 7 输入干燥的热空气(温度一般为 180~200 ℃)。热空气通过吸附层时将其所含水分蒸发成水蒸气并一起由再生空气排气管 4,6 排出。经过一定的再生时间后,吸附剂被干燥并恢复了吸湿能力。这时,将再生空气的进、排气管关闭,将压缩空气的进、出气管打开,干燥器便继续进入工作状态。因此,为保证供气的连续性,一般气源系统设置两套干燥器,一套用于空气干燥,另一套用于吸附剂再生,

两套交替工作(如较常见塔式结构中的 A,B 塔)。

(3)空气过滤器

空气过滤器的作用是滤除压缩空气中的水分、油滴及杂质,以达到气动系统所要求的净化程度。它的基本结构如图 10.27 所示。压缩空气从输入口进入后,被引入旋风叶片 1,旋风叶片上有很多小缺口,迫使空气沿旋风叶片的切线方向强烈旋转,夹杂在空气中的水滴、油滴和杂质在离心力的作用下被分离出来,沉积在存水杯 3 的杯底,而气体经过中间滤芯 2 时,又将其中的微粒杂质和雾状水分滤下,并使其沿挡水板 4 流入杯底,洁净空气便可经出口输出。

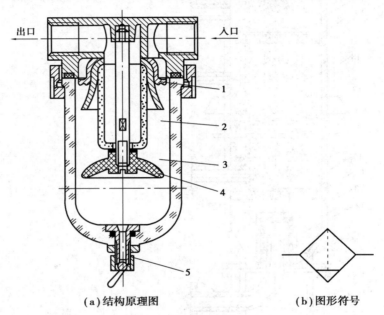

(a)结构原理图　　　　　　(b)图形符号

图 10.27　空气过滤器

1—旋风叶片;2—滤芯;3—存水杯;

4—挡水板;5—排水阀

选取空气过滤器的主要依据是系统所需要的流量、过滤精度和允许压力等参数,空气过滤器与减压阀、油雾器一起构成气源的调节装置(气动三联件)。空气过滤器通常垂直安装在气动设备的入口处,进出气口不得装反,使用中要注意定期排水、清洗或更换滤芯。

(4)储气罐

储气罐的作用是储存空气压缩机排出的压缩空气,减少压力波动;调节压缩机的输出气量与设备耗气量之间的不平衡状况,保证连续、稳定的流量输出;进一步沉淀、分离压缩空气中的水分、油分和其他杂质颗粒。储气罐一般采用焊接结构,其形式有立式和卧式两种。其中,立式结构应用较为普遍。使用时,储气罐应附有安全阀、压力表和排污阀等附件。此外,储气罐还必须符合锅炉和压力容器安全规程的有关规定。

(5)消声器

气压传动系统一般不设排气管道,使用后的压缩空气直接排入大气。这样,因气体的体积急剧膨胀,会产生刺耳的噪声;排气的速度和功率越大,噪声也越大,一般可达 100 ~ 120 dB。这种噪声使工作环境恶化,危害人体健康。一般来说,噪声高达 85 dB 都要设法降低,为此,通常在换向阀的排气口处安装消声器,以降低噪声。

如图 10.28 所示为吸收型消声器结构图。当气流通过由聚苯乙烯颗粒或铜珠烧结而成的消声罩时,气流与消声材料的细孔相摩擦,声能量被部分吸收转化为热能,从而降低了噪声强度。这种消声器可良好地消除中、高频噪声。

10.2.5　逻辑元件

现代气动系统中的逻辑控制,大多通过 PLC 来实现。但是,在对防爆防火要求特别高的场合,常用到一些气动逻辑元件。气动逻辑元件是一种以压缩空气为工作介质,通过元件内部可动部件(如膜片、阀芯)的动作,改变

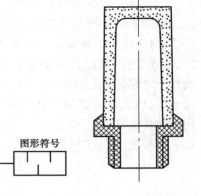

图形符号

图 10.28　吸收型消声器结构图

气流流动的方向,从而实现一定逻辑功能的气体控制元件。气动逻辑元件按其工作压力,可分为高压(0.2 ~ 0.8 MPa)、低压(0.05 ~ 0.2 MPa)、微压(0.005 ~ 0.05 MPa)3 种。按其结构形式,可分为截止式、膜片式、滑阀式及球阀式等类型。这里主要介绍常用的高压截止式逻辑元件。

(1)"是门"和"与门"元件

如图 10.29 所示为"是门"元件及"与门"元件的结构图。其中,P 为气源口,a 为信号输入口,S 为输出口。当 a 无信号,阀片 6 在弹簧及气源压力作用下上移,关闭阀口,封住 P→S 通路,S 无输出;当 a 有信号,膜片在输入信号作用下,推动阀芯下移,封住 S 与排气孔通道,同时接通 P→S 通路,S 有输出。元件的输入和输出始终保持相同状态,即"是门"元件。

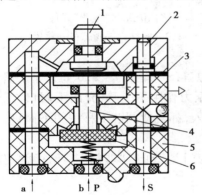

图 10.29　"是门"和"与门"元件
1—手动按钮;2—显示活塞;3—膜片;
4—阀芯;5—阀体;6—阀片

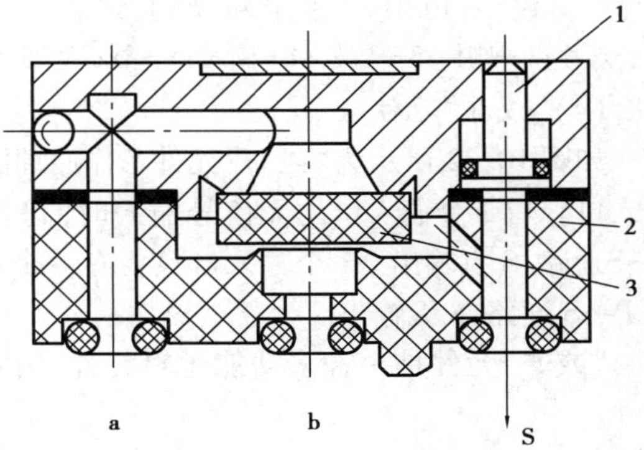

图 10.30　"或门"
1—显示活塞;2—阀体;3—阀片

当气源口 P 改为信号口 B 时,则成"与门"元件,即只有当 a 和 b 同时有输入信号时,S 才有输出;否则,S 无输出。

(2)"或门"元件

如图 10.30 所示为"或门"元件的结构图。当只有 a 信号输入时,阀片 3 被推动下移,打开上阀口,接通 a→S 通路,S 有输出。类似地,当只有 b 信号输入时,b→S 接通,S 也有输出。显

然,当 a,b 均有信号输入时,S 有输出。显示活塞 1 用于显示输出的状态。

(3)"非门"和"禁门"元件

如图 10.31 所示为"非门"和"禁门"元件的结构图。图中,a 为信号输入口,S 为信号输出口,P 为气源口。在 a 无信号输入时,阀片 1 在气源压力作用下上移,开启下阀口,关闭上阀口,接通 P→S 通路,S 有输出。当 a 有信号输入时,膜片 6 在输入信号作用下,推动阀杆 3 及阀片 1 下移,开启上阀口,关闭下阀口,S 无输出。此时为"非门"元件。若将气源口 P 改为信号 b 口,该元件就成为"禁门"元件。在 a,b 均有输入信号时,阀片 1 及阀杆 3 在 a 输入信号作用下封住 b 孔,S 无输出;在 a 无信号输入,而 b 有输入信号时,S 有输出。即 a 输入信号对 b 输入信号起"禁止"作用。

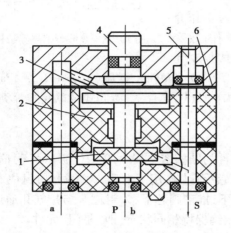

图 10.31 "非门"和"禁门"元件
1—阀片;2—阀体;3—阀杆;4—阀芯;5—显示活塞;6—膜片

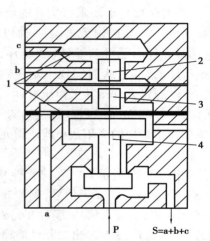

图 10.32 "或非"元件
1,2—阀柱;3—阀芯;4—膜片

(4)"或非"元件

如图 10.32 所示为"或非"元件工作原理图。P 为气源口,S 为输出口,a,b,c 为 3 个信号输入口。当 3 个输入口均无信号输入时,阀芯 3 在气源压力作用下上移,开启下阀口,接通 P→S 通路,S 有输出。3 个输入口只要有一个口有信号输入,都会使阀芯下移关闭下阀口,截断 P→S 通路,S 无输出。

"或非"元件是一种多功能逻辑元件,用它可组成"与门""或门""非门""双稳"等逻辑元件。

(5)记忆元件

记忆元件分为单输出和双输出两种。双输出记忆元件称为双稳元件,单输出记忆元件称为单记忆元件。

如图 10.33 所示为"双稳"元件原理图。当 a 有控制信号输入时,阀芯 2 带动滑块 4 右移,接通 P→S_1 通路,S_1 有输出,而 S_2 与排气口 O 相通,无输出。此时,"双稳"处于"1"状态,在 b 输入信号到来之前,a 信号虽消失,阀芯 2 仍总是保持在右端位置。当 b 有输入信号时,则 P→S_2 相通,S_2 有输出,S_1 与 O 相通,此时元件置"0"状态,b 信号消失后,a 信号未到来前,元件一直保持此状态。

如图 10.34 所示为单记忆元件的工作原理图。当 b 信号输入时,膜片 1 使阀芯 2 上移,将小活塞 4 顶起,打开气源通道,关闭排气口,使 S 有输出;若 b 信号撤销,膜片 1 复原,阀芯在输出端压力的作用下仍能保持在上面位置,S 仍有输出,对 b 置"1"信号起记忆作用。当 a 有信号输入时,阀芯 2 下移,打开排气通道,活塞 4 下移,切断气源,S 无输出。

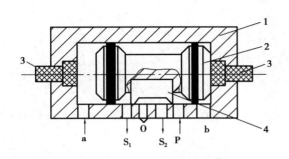

图 10.33 "双稳"元件

1—阀体;2—阀芯;3—手动按钮;4—滑块

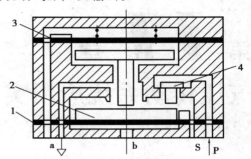

图 10.34 单记忆元件的工作原理图

1、3—膜片;2—阀芯;4—小活塞

思考题与习题

10.1 简述螺杆式空气压缩机的工作原理。

10.2 简述储气罐在气压传动系统中的作用。

10.3 气动方向阀有哪几种类型?它们各自的功能是什么?

10.4 气动三联件指的是哪 3 种元件?它们各自的作用是什么?并简述其安装顺序。

10.5 简述减压阀的工作原理。

10.6 简述快速排气阀的工作原理。

10.7 梭阀的作用是什么?它一般应用在什么场合?

第11章
气压传动系统应用实例

由于气动基本回路与相应的液压基本回路的功能相似,因此,这里不再重复表述。本章只介绍几个典型的气压传动系统应用实例。在分析一个气压传动系统时,首先要了解设备的工艺对气动系统的动作要求;然后要了解系统中包含有哪些元件,并以各个执行元件为中心,将系统分解为若干子系统;对每一个子系统进行分析,最后根据执行元件的动作要求,对整个系统作全面分析。

(1)气动机械手

气动机械手具有结构简单和制造成本低等优点,并可根据各种自动化设备的工作需要,按照设定的控制程序动作。因此,气动机械手在自动生产设备和生产线上得到广泛应用。

如图 11.1 所示为用于某专用设备上的气动机械手的结构示意图。它由 4 个气缸组成,可在 3 个坐标内工作。其中,A 缸为夹紧缸,其活塞杆退回时夹紧工件,活塞杆伸出时松开工件;B 缸为长臂伸缩缸,可实现伸出和缩回动作;C 缸为立柱升降缸;D 缸为立柱回转缸,该气缸有

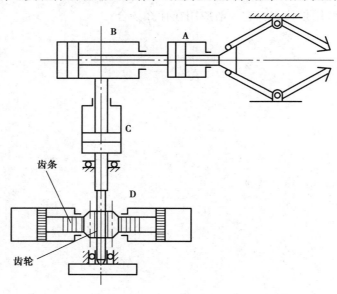

图 11.1 气动机械手结构示意图

两个活塞,分别装在带齿条的活塞杆两头,齿条的往复运动带动立柱上的齿轮旋转,从而实现立柱的回转。

如图 11.2 所示为气动机械手的回路原理图。若要求该机械手的动作顺序为:立柱下降 C_0→伸臂 B_1→夹紧工件 A_0→缩臂 B_0→立柱顺时针转 D_1→立柱上升 C_1→放开工件 A_1→立柱逆时针转 D_0,则该传动系统的工作循环分析如下:

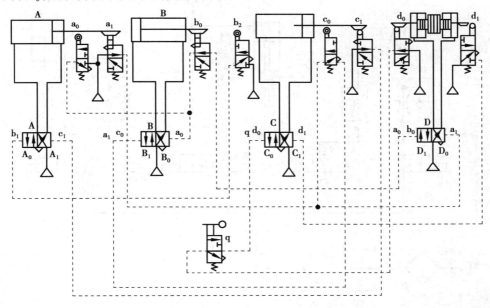

图 11.2　气动机械手控制回路图

①按下启动阀 q,主控阀 C 将处于 C_0 位,活塞杆退回,即得到 C_0。

②当 C 缸活塞杆上的挡铁碰到 c_0,则控制气将使主控阀 B 处于 B_1 位,使 B 缸活塞杆伸出,即得到 B_1。

③当 B 缸活塞杆上的挡铁碰到 b_1,则控制气将使主动阀 A 处于 A_0 位,A 缸活塞杆退回,即得到 A_0。

④当 A 缸活塞杆上的挡铁碰到 a_0,则控制气将使主动阀 B 处于位 B_0 位,B 缸活塞杆退回,即得到 B_0。

⑤当 B 缸活塞杆上的挡铁碰到 b_0,则控制气使主动阀 D 处于 D_1 位,D 缸活塞杆往右,即得到 D_1。

⑥当 D 缸活塞杆上的挡铁碰到 d_1,则控制气使主控阀 C 处于 C_1 位,使 C 缸活塞杆伸出,得到 C_1。

⑦当 C 缸活塞杆上的挡铁碰到 c_1,则控制气使主控阀 A 处于 A_1 位,使 A 缸活塞杆伸出,得到 A_1。

⑧当 A 缸活塞杆上的挡铁碰到 a_1,则控制气使主控阀 D 处于 D_0 位,使 D 缸活塞杆往左,即得到 D_0。

⑨当 D 缸活塞杆上的挡铁碰到 d_0,则控制气经启动阀 q 又使主控阀 C 处于 C_0 位,又开始新的一轮工作循环。

（2）数控加工中心气动换刀系统

如图 11.3 所示为某数控加工中心气动换刀系统原理图。该系统在换刀过程中实现主轴定位、主轴松刀、拔刀、向主轴锥孔吹气及插刀等动作。

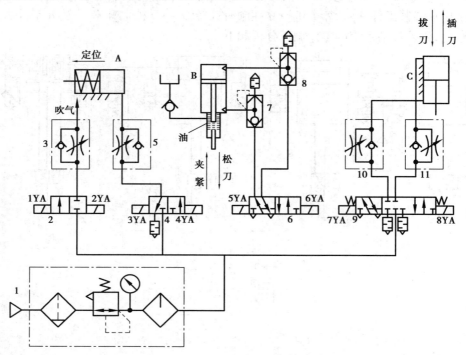

图 11.3　数控加工中心气动换刀系统

1—气动三联件；2,4,6,9—换向阀；3,5,10,11—单向节流阀；7,8—梭阀（快速排气阀）

动作过程如下：当数控系统发出换刀指令时，主轴停止旋转，同时 4YA 通电，压缩空气经气动三联件 1、换向阀 4、单向节流阀 5 进入主轴定位缸 A 的右腔，缸 A 的活塞左移，使主轴自动定位。定位后压下无触点开关，使 6YA 通电，压缩空气经换向阀 6、快速排气阀 8 进入气液增压缸 B 的上腔，增压腔的高压油使活塞伸出，实现主轴松刀，同时使 8YA 通电，压缩空气经换向阀 9、单向节流阀 11 进入缸 C 的上腔，缸 C 下腔排气，活塞下移实现拔刀。由回转刀库交换刀具，同时 1YA 通电，压缩空气经换向阀 2、单向节流阀 3 向主轴锥孔吹气。稍后 1YA 断电、2YA 通电，停止吹气，8YA 断电、7YA 通电，压缩空气经换向阀 9、单向节流阀 10 进入缸 C 的下腔，活塞上移，实现插刀动作。6YA 断电、5YA 通电，压缩空气经换向阀 6、快速排气阀 7 进入气液增压缸 B 的下腔，使活塞退回，主轴的机械机构使刀具夹紧。4YA 断电、3YA 通电，缸 A 的活塞靠弹簧力的作用复位，回复到初始状态，换刀结束。

（3）汽车车门的安全操作系统

如图 11.4 所示为汽车车门的安全操作系统原理图。它是用来控制汽车车门开关，并且当车门在关闭中遇到障碍时，能使车门再自动开启，起到安全保护的作用。车门的开关靠气缸12 来实现，气缸由气控换向阀 9 来控制。而气控换向阀 9 又由 1,2,3,4 这 4 个按钮式换向阀操纵，气缸运动速度的快慢由单向节流阀 10 和 11 来调节。通过阀 1 或阀 3 使车门开启。通过阀 2 或 4 使车门关闭。起安全保护的机动控制换向阀 5 安装在车门上。

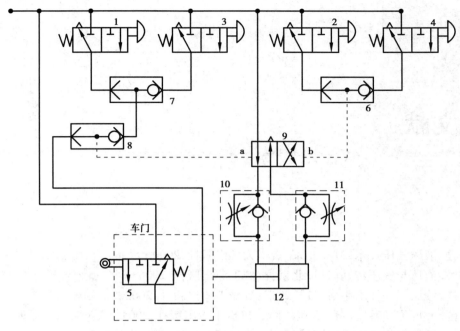

图 11.4　车门的安全操作回路系统原理图

1,2,3,4—按钮换向阀;5—机动换向阀;6,7,8—梭阀;

9—气控换向阀;10,11—单向节流阀;12—气缸

当操纵按钮换向阀 1 或 3 时,压缩空气便经阀 1 或阀 3 到梭阀 7 和 8,把控制信号送到阀 11 的 a 侧,使阀 11 向车门开启方向切换。压缩空气便经阀 11 左位和阀 10 中的单向阀到气缸的有杆腔,推动活塞,使车门开启。当操纵阀 2 或阀 4 时,压缩空气经阀 6 到阀 11 的 b 侧,使阀 11 向车门关闭方向切换,压缩空气则经阀 11 右位和阀 11 中的单向阀到气缸的无杆腔,使车门关闭。车门在关闭过程中若碰到障碍物,便推动机动 5,使压缩空气经阀 5 把控制信号经阀 8 送到阀 11 的 a 端,使车门重新开启。但是,若阀 2 或阀 4 仍然保持按下状态,则阀 5 起不到自动开启车门的安全作用。

参考文献

[1] 李新德. 液压气压技术[M]. 北京:清华大学出版社,2009.

[2] 左健民. 液压与气压传动[M]. 北京:机械工业出版社,2006.

[3] 路甬祥. 液压气动技术手册[M]. 北京:机械工业出版社,2002.

[4] 官中范. 液压传动系统[M]. 3版. 北京:机械工业出版社,2004.

[5] 雷天觉. 新编液压工程手册[M]. 北京:北京理工大学出版社,1998.

[6] 李壮云. 液压元件与系统[M]. 2版. 北京:机械工业出版社,2005.

[7] 马振福. 液压与气压传动[M]. 北京:机械工业出版社,2004.

[8] 李芝. 液压传动[M]. 北京:机械工业出版社,2002.

[9] 张宏民. 液压与气压技术[M]. 大连:大连理工大学出版社,2004.

[10] 黎启柏. 液压元件手册[M]. 北京:冶金工业出版社,2000.

[11] 姜佩东. 液压与气压技术[M]. 北京:高等教育出版社,2000.

[12] 袁承训. 液压与气压传动[M]. 北京:机械工业出版社,2000.

[13] 陈榕林. 液压技术应用[M]. 北京:电子工业出版社,2002.

[14] 李鄂民. 液压与气压传动[M]. 北京:机械工业出版社,2001.

[15] 章宏甲. 液压与气压传动[M]. 北京:机械工业出版社,2003.